ERYANGHUATAN QITI BAOHUHAN

中等职业教育工作手册式教材

二氧化碳气体保护焊

主　编　王丹丹　许　可
副主编　王喜川

东北大学出版社
·沈　阳·

图书在版编目（CIP）数据

二氧化碳气体保护焊 / 王丹丹，许可主编. — 沈阳：东北大学出版社，2021.12

ISBN 978-7-5517-2897-3

Ⅰ. ①二… Ⅱ. ①王… ②许… Ⅲ. ①二氧化碳保护焊—中等专业学校—教材 Ⅳ. ①TG444

中国版本图书馆 CIP 数据核字（2021）第 270023 号

出 版 者：东北大学出版社
地址：沈阳市和平区文化路三号巷 11 号
邮编：110819
电话：024-83687331(市场部)　83680267(社务部)
传真：024-83680180(市场部)　83680265(社务部)
网址：http://www.neupress.com
E-mail：neuph@neupress.com
印 刷 者：辽宁新华印务有限公司
发 行 者：东北大学出版社
幅面尺寸：185 mm×260 mm
印　　张：9.5
字　　数：219 千字
出版时间：2021 年 12 月第 1 版
印刷时间：2021 年 12 月第 1 次印刷
策划编辑：牛连功
责任编辑：王　旭
责任校对：周　朦
封面设计：潘正一

ISBN 978-7-5517-2897-3　　定　价：30.00 元

前言

本书为适应二氧化碳气体保护焊教学需要而编写。

根据我国现阶段工业化发展情况，焊接被广泛地应用于多种材料的连接。无论是建筑行业，还是车辆、机械、医疗设备等方面，都离不开焊接技术。随着制造业的发展，焊接技术有了极大的进步，焊接生产效率也越来越高。目前，二氧化碳气体保护焊因具有生产效率高、成本低的特点，故被广泛地应用在各个行业、企业生产中。

吉林省的支柱产业是以焊接技术为主要加工手段的行业，主要包括汽车行业、轨道客车行业和锅炉行业。因此，对焊接人才的需求量较大，焊接人才的就业前景十分广阔。在未来，焊接技术的发展空间巨大。为此，我们组织多年工作在焊接技术应用和教学第一线、具有扎实专业基础理论知识和丰富实践经验的专业教师，为焊接相关人员编写了《二氧化碳气体保护焊》一书。

本书共分为两部分：第一部分系统地阐述了二氧化碳气体保护焊的相关知识，介绍了二氧化碳气体保护焊生产环节的先进技术及其技术难点；第二部分结合常用的焊接实训项目（如板对接、管板组合等），用工作任务引领专业知识，帮助学生在完成任务的过程中掌握知识和技能。本书可供焊接技术操作人员、焊接质量管理人员和中等职业学校的师生及有关科技人员参考使用。

本书由长春市机械工业学校王丹丹、许可担任主编，王喜川担任副主编。王丹丹编写第二部分，许可编写第一部分，王喜川绘制并编辑书中示图。王丹丹、许可负责本书统稿。

由于编者水平有限，加之编写时间仓促，本书中难免存在错误或疏漏之处，敬请读者批评、指正。

编　者

2021 年 7 月

目录

第一部分　二氧化碳气体保护焊相关知识

第二部分　二氧化碳气体保护焊实训项目

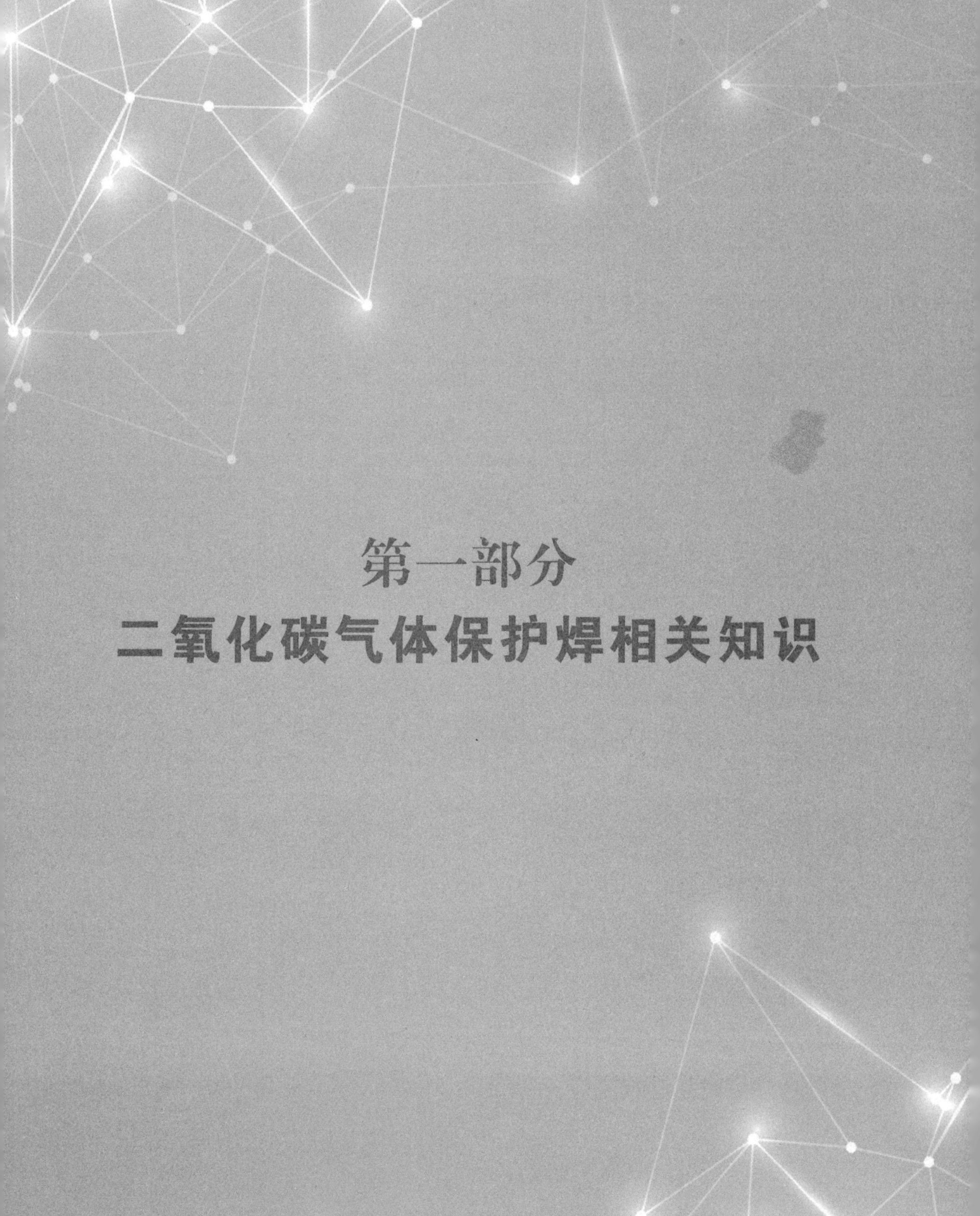

第一部分
二氧化碳气体保护焊相关知识

单元一

焊接安全基本知识

无论各行各业，安全都是第一要素。焊接是工业生产的重要方式，但是在焊接过程中，如果出现管理不当的情况，就可能会引发触电、烧伤、火灾或者爆炸等安全事故。近年来，焊接安全生产事故已经危及焊接人员的生命健康，因此，在确保安全的前提下进行高质量的焊接，是国家对焊接工作的基本要求。焊接人员在工作过程中，必须认识到焊接工作存在一定的潜在危险性。增强安全意识，从而降低焊接给焊接人员带来的危害，保证人身安全，是一项十分重要的课题。通过本单元学习，要让焊接人员从切身利益出发，了解各种安全技能，学会使用安全用品，确保自身安全，并能够熟练、安全地操作焊机、切割机、夹具等设备。

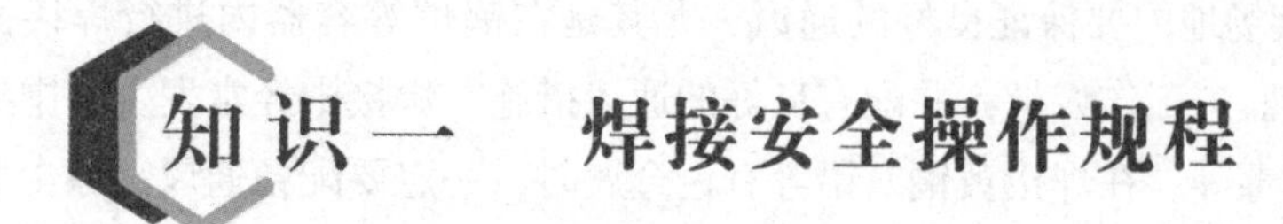

知识一　焊接安全操作规程

焊接安全规程

一、安全规范准则

焊接人员的安全意识较低是造成焊接安全生产事故的主要因素之一。做好焊接人员的培训工作，有利于增强其安全生产意识，提升其焊接技术。在培训过程中，要求焊接人员掌握科学的焊接技术。为了避免焊接安全事故的发生，在焊接工作中，应严格遵守和执行安全操作规程。焊接人员要具备一定的应急能力，面对突发情况，能够采取一定的应急措施，以降低安全事故发生的可能性和风险性。

只有经过培训，焊接人员考取特殊工种安全操作证后，才可以上岗。焊接操作完成之后，焊接人员应当检查场地有无明火、机器是否关闭、电源是否切断等相关事项，确保消除所有隐患，方可离开工作场地。

CO_2气体保护焊的焊接过程会产生大量的电弧热、烟尘、飞溅物、弧光等危害物，容易引起火灾、爆炸、触电、烧伤、烫伤、有毒气体中毒及眼睛被弧光伤害等安全事故，而且其中个别安全事故是无法在现场表现出来的，如使焊接人员患青光眼和电光性眼炎等。所以，焊接人员应该把安全放在第一位，时刻担负安全责任并做好防护，避免长时间的焊接工作对自身造成持续性伤害；同时，其所在单位要加强安全教育，落实安全措施，检查安全工作，并对焊接人员进行考核，考核合格后，方可允许其上岗工作。此外，焊接操作场地需要准备必要的消防器材（如消防栓和灭火器材等），且要有明显指示牌。

二、防止火灾、爆炸、中毒的方法

（1）焊接操作过程中出现最多的是焊接电弧。因电弧热量巨大，场地周围又有易燃、易爆物品，一旦发生安全事故，会产生巨大的伤害。因此，焊接场地周围10 m范围内不允许有易燃、易爆物品，焊接场地内的空气中禁止有可燃气体、液体燃料的蒸气及爆炸性粉尘等。

（2）一般情况下，禁止进行带压或者带电焊接操作，因为非正常的焊接操作会对人体造成巨大的伤痛。但在合理措施及正确的焊接工艺条件下，允许对压力容器及带电设备进行焊接操作，如管道维修等。因为类似这样的维修工作对焊接人员的技能要求很高，所以通常条件下禁止进行带电、带压焊接操作。

（3）在焊接容器内留有残存油脂或可燃液体、可燃气体的时候，禁止直接进行焊接操作。焊接操作前，可先用大量的蒸汽和热碱水对容器进行洗刷和通风操作，保证容器清洗完成并干燥后，再允许进行焊接操作。禁止在密闭的容器内进行焊接作业，因为焊接操作过程中产生的有毒气体不能排净，会造成焊接人员窒息。

（4）焊接场地内要保证良好的通风，尤其是在锅炉等容器内进行焊接操作时，现场要求配备安全监护工作人员，并配有良好的通风措施。焊接中经常发生的中毒现象有锰中毒、硫化物中毒等。在焊接黄铜、铅等有色金属时，一定要配备通风、除尘装置，及时将烟尘和有害气体排出，以防止中毒。图 1-1-1 为防止火灾、预防爆炸、预防毒气图标。

图 1-1-1　防止火灾、预防爆炸、预防毒气图标

三、预防触电的基本方法

1. 电流对人体的伤害

在干燥的环境下，人体的电阻通常为1000～1500 Ω，人体可承载的安全电流为10 mA，在通过人体的电流达到0.05 A以上时，就会对人体造成致命伤害。经过精确计算得出，人体可以承受的安全电压为36 V。一旦环境有所改变，尤其是在潮湿的环境下，人体所能承受的安全电压就会产生变化，一般会下降为24 V或者12 V。超过安全值的电流一旦经过人体，将对人体肝脏器官等造成伤害，损伤人体组织，形成不可逆损伤，并且通过电流的时间长短也决定了人体受伤害程度。

2. 人体触电的表现

（1）电流流经人体。

电流穿过人体时，将会对人的心脏产生影响，其主要表现为心室颤动。流经人体的电流越大，引起心室颤动的速度就会越快。当交流电流为1 mA、直流电流为5 mA时，人体可以感觉到电流通过，这被称为感知电流（即通过人体引起人的任何感觉的最小电流）。

人体在接触电流后，能够自行摆脱的电流大小称作摆脱电流。其中，交流电流的摆脱电流为10 mA，直流电流的摆脱电流为50 mA。一旦大于这个临界值，电流将吸住人体，使人无法挣脱。因此，为了避免触电后无法摆脱而造成生命危险，大多数情况下，设备安全保护装置的许用安全电流为30 mA。

（2）电流通过人体的时间。

电流通过人体的时间越长，对人体器官的安全危害将会越大。有研究结果表明，人体心脏的扩张周期大概为0.1 s，如果电流通过心脏1.0 s，对人体就会造成不可逆转的损伤。

（3）电流经过人体的路线。

电流经过人体时，对人体造成损伤最严重的器官是心脏、肺部、中枢神经。所以，一旦电流通过人体的途径为左脚到右脚这个路线，人体将受到最致命的伤害。

3. 焊接操作的触电原因

在焊接操作中，很大一部分的焊接都是电弧焊。因此，电能作为焊接的主要能量来源，在焊接操作过程中一旦出现问题，就容易导致焊接人员触电。

（1）直接触电。

以CO_2气体保护焊为例，焊接人员在进行焊接操作时，一旦手接触焊接工件，所穿的劳动保护鞋绝缘又不合格，将会产生触电现象。尤其是在容器内部进行焊接操作时，焊接人员的脚会接触带电容器，一旦保护不好，极容易触电。如果焊接人员手湿时进行焊接操作，会大大增加触电概率。

（2）间接触电。

间接触电一般是由弧焊电源漏电所引起的，其漏电原因多为焊接元器件老化、焊机内部绝缘系统被破坏等。人体一旦依靠弧焊电源，就非常容易造成间接性触电。

4. 如何防止触电

（1）焊接设备放置位置要隐蔽。

焊接设备应按照要求放在难以被触碰的位置，若有易被触碰的伸出部分，应该为其加上保护罩，以防止被触碰。操作中要求焊机一次线长度小于 3 m，而且位置要隐蔽，尽量远离焊接人员。

（2）接地保护。

在焊接操作过程中，如果采用三相电的焊接设备，一定要接地；如果不接地，带电的焊接设备一旦意外与人接触，将会产生电流回路，其后果非常严重。这类触电现象经常发生在弧焊电源外壳带电时。

（3）使用标准的电缆线。

弧焊电源的电缆线须采用多股细丝电缆线，一定要配备合格的绝缘层。要根据通过的电流不同，保证足够的电缆线的截面积，而且要求电缆线长度不能超过 30 m。

（4）穿戴劳动保护用品。

在焊接操作过程中，最重要的触电保护方法是将劳动保护用品穿戴齐全，主要包括劳动保护手套、焊接面罩、劳动保护服装、劳动保护鞋等。其中，劳动保护鞋中的绝缘鞋应该耐电压超过 5000 V。

5. 触电后的急救措施

（1）迅速脱离电源。

如果发生触电的操作场地附近有电源开关，一定要立即关闭开关、切断电源；如果操作场地附近没有开关，可以用绝缘木棍或者其他绝缘物体将触电者推开，注意在推开过程中一定要远离触电者。之后，施救人员要注意观察触电者的状况，如果发现触电者的衣服是干燥的，并且确保自己脚下穿的是合格的绝缘鞋，这时可以戴好具有绝缘功能的焊接手套将触电者拉开。

（2）施救办法。

采用以上办法使触电者离开电源后，可以使用人工呼吸法和胸外心脏按压法对触电者进行施救，使其慢慢恢复心跳。

四、防范火灾

焊接操作过程中，仅仅熔化焊接母材的温度就高达上千摄氏度，非常容易点燃周围其他的物体，因此，防范火灾的发生也是焊接安全操作的一项重要任务。

1. 防范打磨火灾

在打磨或者切割金属的操作过程中，将产生大量的火星飞溅物，如果打磨操作场地周围存放有易燃物品，就非常容易发生火灾。因此，在焊接操作过程中，要确保场地周围没有易燃、易爆等危险品，以防范打磨火灾。

2. 防范切割火灾

氧乙炔切割方法是焊接操作中常用的切割方法。众所周知，氧气是助燃性气体，乙炔是可燃性气体。氧乙炔切割方法是利用氧气和乙炔混合燃烧所产生的化学热，从而使

金属熔化，进而完成切割过程。

在焊接操作中，除了乙炔气体以外，其他可燃性物质也是必须注意的，如木材、汽油、酒精和液化石油气等。而助燃物也并非只有氧气一种，还有氯酸钾、锰酸钾等化合物。

为了预防切割火灾，行之有效的措施是增大可燃物与助燃物的有效距离，例如对于氧气瓶和乙炔瓶，两种气瓶的安全距离应大于 10 m，而且要求使用防火材料对其分别进行遮挡。此外，在进行切割操作时，要清除操作场地周围的可燃物，如木材、纸张、棉花、汽油等。

3. 灭火方法

如果焊接操作现场发生火灾，在场人员不要惊慌失措，应根据安全操作要求和火势情况，采取有效的救援方案。其中，主要的灭火措施有以下三种。

（1）控制可燃物。以氧乙炔切割方法为例，一旦发生火灾，要立即关闭乙炔气瓶。

（2）控制助燃物。隔绝助燃物的主要方法是隔绝空气。

（3）消灭火源。对于已经发生的明火，需要通过灭火器进行灭火。灭火器的主要类型、应用及其装填物质如表 1-1-1 所列。

表 1-1-1　灭火器类型、应用及其装填物质

灭火器类型	应用	装填物质
干粉灭火器	氧乙炔、液化气、电气设备	钾盐干粉或碳酸氢钠
泡沫灭火器	油类火灾	碳酸氢钠
二氧化碳灭火器	贵重仪器	液态二氧化碳

知识二　焊接现场的劳动保护

一、劳动保护用品

1. 呼吸防护用品

焊接、打磨、切割过程中会产生烟尘，因此要使用呼吸防护用品阻止烟尘进入人体呼吸道，以预防尘肺等职业病。呼吸防护用品按照用途分为防尘、防毒、供氧三类，按照作用原理分为过滤式、隔绝式两类。图 1-1-2 所示为呼吸防护用品中的防尘口罩。

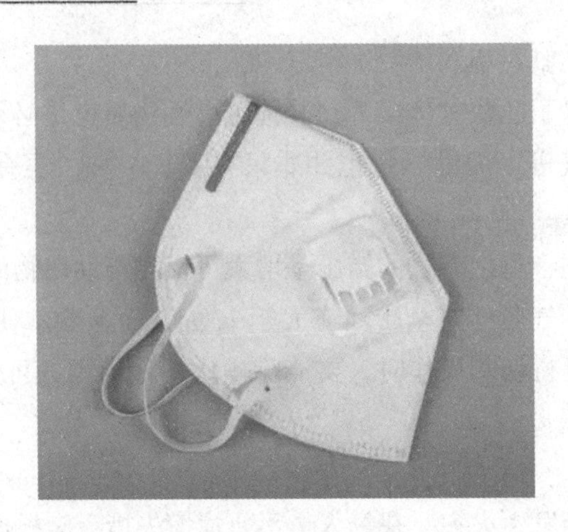

图 1-1-2　防尘口罩

2. 眼睛防护用品

焊接操作中会产生强烈的光线，一旦使用裸眼进行焊接，会对焊接人员造成非常大的伤害。因此，眼睛防护用品的作用是保护作业人员的眼睛、面部，以预防外来伤害。眼睛防护用品分为焊接用眼防护具、预防冲击眼护具、微波防护具、激光防护镜及防 X 射线护具、防化学护具、防尘护具等。图 1-1-3 所示为眼睛防护用品中的打磨防护眼镜和焊接面罩。

图 1-1-3　打磨防护眼镜和焊接面罩

3. 听觉防护用品

在打磨、切割操作过程中，生产操作工厂经常使用的是气磨工具，其噪声非常大。因此，常年从事打磨操作的焊接人员，如果工作时不戴听觉防护用品对自己进行保护，会对自身听力系统造成损害。常年在 90 dB（A）以上或短时在 115 dB（A）以上环境中进行操作的焊接人员，工作时一定要使用听觉防护用品。听觉防护用品有耳塞、耳罩和帽盔三类。图 1-1-4 所示为耳塞。

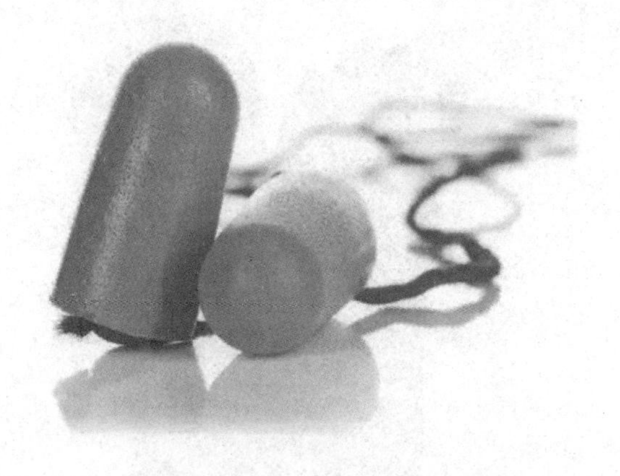

图 1-1-4　耳塞

4. 劳动保护鞋

在焊接操作过程中，劳动保护鞋不可或缺，它可以保护脚部，如防砸、绝缘等。劳动保护鞋的主要产品有防砸鞋、绝缘鞋、防静电鞋、耐酸碱鞋、耐油鞋、防滑鞋等。劳动保护鞋如图 1-1-5 所示。

图 1-1-5　劳动保护鞋

5. 劳动保护手套

劳动保护手套用于对焊接人员手部的保护，焊接操作过程中使用的劳动保护手套有防烫和绝缘作用。一般情况下，焊接电弧的温度在 1000 ℃以上，因此，焊接人员要戴好劳动保护手套后才能施焊；同时，劳动保护手套需要有良好的绝缘性，以预防焊接人员触电。劳动保护手套主要有耐酸碱手套、电工绝缘手套、电焊手套、防 X 射线手套、石棉手套等。劳动保护手套如图 1-1-6 所示。

图 1-1-6　劳动保护手套

6. 劳动保护服装

劳动保护服装的作用类似于劳动保护手套，它将对焊接人员身体进行全面的保护，预防烫伤、电伤。在一些特殊的焊接（如铝合金焊接）操作过程中，劳动保护服装还可以预防射线对人体造成损伤。劳动保护服装一般分为特殊防护服和一般作业服两类。图 1-1-7 所示为一般作业服。

图 1-1-7　一般作业服

二、焊接操作中产生的伤害及应使用的劳动保护用品

焊接操作中一般会对人体产生伤害的主要有光辐射、高频电磁场、噪声、射线、粉

尘及有害气体等。

1. 光辐射

（1）光辐射的产生。

在焊接操作过程中，明弧焊接会产生光辐射。电弧的温度达 5000 ℃以上时，将产生强烈的弧光，它会对人的眼睛器官造成损伤。光辐射照射在人体上，将会被人体组织吸收，引起组织病变，对人体组织产生急性或慢性的伤害。焊接操作过程中产生的光辐射由紫外线、红外线和可见光等组成，其中红外线会引发白内障等疾病，而紫外线会引发电光性眼炎等疾病。

（2）光辐射的预防与措施。

在焊接操作中，可以采用焊接面罩、劳动保护服装及能够吸收光线的材料等措施来预防光辐射。

①为了预防电弧对人眼睛的损伤，焊接人员在焊接操作时必须使用镶有特制滤光镜片的焊接面罩。普通的焊接面罩一般由黑玻璃镜片和白玻璃镜片组成。黑玻璃镜片一般分为不同的遮光号（如 7 号、8 号、9 号等），其遮光号的选择如表 1-1-2 所列。白玻璃镜片的主要作用是防止焊接飞溅物触碰黑玻璃镜片。

表 1-1-2　黑玻璃镜片遮光号的选择

焊接方法	焊接电流/A	黑玻璃镜片遮光号
CO_2 气体保护焊	<70	7
	70~120	8
	120~160	9
	160~200	10
	>200	11
钨极氩弧焊	<60	7
	60~100	8
	100~160	9
	160~200	10
	>200	11

②焊接人员的劳动保护服装有隔热和屏蔽作用，用来保护人体免受热辐射、弧光辐射和飞溅物等损伤，因此应具有耐热、阻燃、舒适等特点。焊接操作中主要以白色劳动保护服装为主，此种服装能隔热、不易燃且具有反射弧光的作用。

③此外，有条件的车间也可以采用既不反光又能吸收光线的材料，作为室内墙壁的

饰面来进行车间弧光防护。

2. 高频电磁场

(1) 高频电磁场的来源。

氩弧焊和等离子弧焊大多是采用高频振荡器来激发引弧。根据钨极自身的特点，大多数的焊接电压不能顺利地引弧，因此需要采用高频振荡器来引弧。脉冲高频电所产生的高频电磁场，通过焊钳电缆线与人体空间的电容耦合，也就是脉冲电流通过人体，将对人体器官造成一定伤害。

(2) 高频电磁场的预防与措施。

人体在高频电磁场作用下将会产生生物学效应（如自主神经功能紊乱和神经衰弱），出现全身不适、头昏头痛、疲乏、食欲不振、失眠及血压偏低等症状。高频电磁场是指频率在 0.1~300 MHz 的电磁波，其波长为 1~3000 m，按照波长可分为长波、中波、短波、超短波。高频电磁辐射属于非电离辐射中的射频辐射（无线电波）。为了减少高频振荡器对人体的损伤，一般应采取如下措施。

①把焊接接地，保证其效果良好；同时，把高频电流调低一些，使焊枪和接地的电位相对变低，就会有效降低高频感应带来的损伤。

②高频振荡器是氩弧焊中引弧的主要装置，如果在能正常起弧的前提下，把其振荡频率降到最低，就会减少对人体器官的伤害。

③使用屏蔽装置把各种线材都装入装置内，以防止高频电磁场外溢，最大限度地减少其对人体的损伤。

④控制焊接操作场地的湿度和温度，必须将其降低到所要求的水平，以增强人体散热，缓解焊接人员在操作过程中出现的不适症状。此外，还应加强通风，以减少人体损伤。

3. 噪声

(1) 噪声的来源。

噪声随处可见，焊接操作作为一种比较高强度的操作工种，其产生的噪声（如直流焊接、切割、气刨噪声等）较大。以等离子切割为例，其产生的噪声可达 100 dB 以上，并且噪声频率也非常高，一般都在 1000 Hz 以上。在比较常见的焊接操作方法中，气体保护焊噪声大于焊条电弧焊噪声，也大于氩弧焊噪声。气体保护焊接人员只有电流声，也有飞溅物等其他噪声。焊接人员在进行日积月累的焊接操作时，这些噪声会对其听力造成损伤。因此，需要对焊接噪声加以预防和处理。

(2) 噪声的预防与措施。

在焊接操作场地，必须把噪声控制在 90 dB 以下，如果大于这个值，一定会对焊接人员的听力造成损害。控制噪声的措施主要有以下四种。

①改善工艺。大部分机械加工（如机械剪切等）的噪声都相对较大。采取利用火焰切割的方法代替机械剪切，这样可以大大减小噪声；采用配有新型低频焊接电源的设备，也能减小直流焊接电源产生的噪声。

②安装隔音设施。有的焊接工艺上不能装配降低噪声的设施，一般采取外加隔音罩的办法来降低噪声的扩散程度；对于噪声设备集中的操作场地，一般会适当增加设备之间的距离来减少噪声干扰；而对于某些不能采用隔音罩或增大隔声间距的高噪声设备，可以采取在声源附近或受声处设置隔声屏障的方法来减弱噪声。

③对工厂周边的环境进行改变，如在环境中适当增加一些能够吸音的材料，也可以降低噪声。

④焊接人员须佩戴隔音保护装备进行作业。

4. 射线

（1）射线的来源。

焊接操作产生的焊接电弧不仅有电弧热产生，而且伴随着强烈的光辐射和射线辐射。采用不同的焊接方法，产生的辐射量也会不同。对于 CO_2 气体保护焊来说，它产生的辐射量大于焊条电弧焊产生的辐射量。如果人体皮肤较长时间暴露在电弧辐射下，会受到损伤，出现起皮、红肿、瘙痒等现象。等离子弧焊接产生的射线辐射远远超过 CO_2 气体保护焊产生的辐射量。在钨极氩弧焊中，钨极里的钍具有放射性。电子束焊接时产生的 X 射线也具有放射性。人体所能承受的射线辐射剂量有一个允许值，若辐射剂量不超过允许值，则不会对人体产生损伤。进行电子束焊接操作时会产生低能 X 射线，它会对人体造成外照射，引起眼球晶状体和皮肤损伤，一般来说这种危害程度很小。

（2）射线的预防与措施。

在焊接操作中，一般采用以下三种措施来避免产生辐射。

①综合性防护。在进行焊接操作时，用防护罩隔开电弧，以避免射线辐射到人体造成伤害；将有毒气体、烟尘及放射性气溶胶等最大限度地控制在固定的空间，然后通过排气、净化等装置排到室外。

②钍钨电极是焊接发展中最早应用的稀土钨电极，也是焊接性能最好的钨电极品种，因此，它在世界钨电极市场中占有率最高。但由于钍钨电极在粉末冶金和压延磨抛过程中会产生放射性的污染，伴随着科学技术的进步，其渐渐被铈钨电极代替。由于铈钨电极的引弧性能和稳定性不及钍钨电极，因此其辐射性远低于钍钨电极，故而采用铈钨电极进行氩弧焊接可以大大降低辐射性。

③对于真空电子束焊等放射性强的作业点，应采取屏蔽防护措施。

5. 粉尘及有害气体

（1）粉尘及有害气体的来源。

焊接过程中，电弧的温度会大大高于母材的熔点，因此会发生一部分焊缝金属直接燃烧，在空气中产生烟尘与雾气的现象。这些产生物中的有害物质遇到空气会冷却凝固形成粉尘。进行焊条电弧焊操作时，药皮的熔化会产生氟化氢等有害气体；进行 CO_2 气体保护焊焊接操作时，也会产生 CO 等有毒气体。

（2）粉尘及有害气体的预防与措施。

减少粉尘及有害气体可以采取以下三种措施。

①从源头减少可产生粉尘的物质。例如，减少焊条药皮中的黏合剂——玻璃水，它在高温下会分解成较多的有害物质；减少 J507 焊条中的氟化钙，因为氟化钙在高温下会分解产生剧毒气体 H_2F。

②一旦从源头上无法减少这些有毒物质的产生，则应该采取加强通风等措施，以增加焊接操作场地的空气流通性，让新鲜空气取代产生的有害气体，使焊接人员吸入新鲜、无毒的空气。目前，通风装置样式繁多，有自然开窗通风和机械通风等形式。焊接操作车间须配备除尘系统装置，如图 1-1-8 所示。其中，除尘系统装置通常分为集成式除尘系统装置和单体式除尘机系统装置。在除尘系统装置中，利用软管使有害粉尘及气体吸入装置内部，其内部拥有一套完整的过滤系统装置，能够把粉尘过滤下来，并把无毒的空气排到装置外。此外，除尘系统装置还包括单机过滤系统，该系统往往需要定期进行维护，并及时更换滤网及传感器。

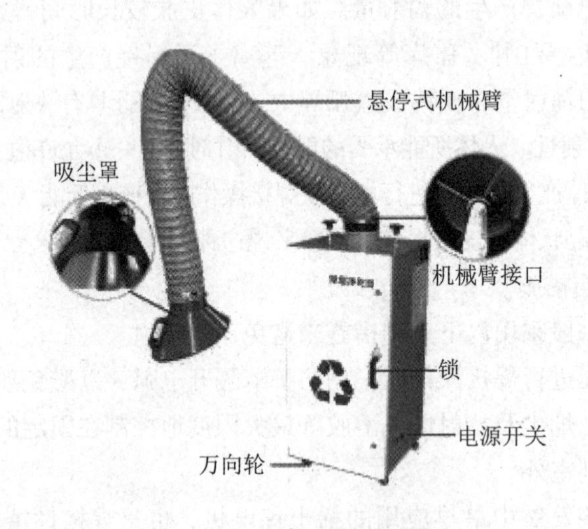

图 1-1-8　除尘系统装置

③改变焊接工艺是减少粉尘及有害气体的有效方法。此外，还可以采用以机器人代替焊接人员进行施焊。

单元二

CO_2气体保护焊设备及材料

CO_2气体保护焊的设备及使用的焊接材料较焊条电弧焊的设备复杂。本单元将从CO_2气体保护焊设备的组成、工作原理、结构特点、设备使用和维护、故障排除及其使用的防护用品、工具、焊丝、保护气体等方面进行详细介绍及讲解，使学生掌握CO_2气体保护焊设备及材料的基本知识。

知识一　CO_2气体保护焊设备

CO_2气体保护焊设备

CO_2气体保护焊的分类方法有多种：按照操作方法分类，可分为半自动焊接和自动焊接两种；按照选用的焊丝直径分类，可分为细丝焊接和粗丝焊接两种。CO_2气体保护焊经常使用的焊丝直径有0.8，1.0，1.2，1.6，2.0 mm。细丝焊接通常使用的焊丝直径小于1.6 mm，该方法会使用非常小的焊接电流，主要是针对薄板的焊接；粗丝焊接通常使用的焊丝直径大于或等于1.6 mm，该方法会使用较大的焊接电流，主要是针对中厚板的焊接。

本部分知识主要介绍半自动焊接CO_2设备的组成，其主要由焊接电源、送丝机构、焊枪、供气系统四大部分组成。

(1) 焊接电源。

焊接电源是为焊接操作提供合适的电流、电压，而且具备该焊接方法所要求的适合输出特性的设备。CO_2气体保护焊的焊接电源要求有平特性的直流焊接电源，且面板上装有指示灯及调节旋钮等。

（2）送丝机构。

送丝机构是送丝的主要动力，其中包括机架、送丝电动机、焊丝矫直轮、压紧轮和送丝轮等，备有装卡焊丝盘、电缆及焊枪的机构。对于送丝机构的要求，主要是能够均匀输送焊丝。送丝机构上大多会设有调节电压及调节电流的旋钮和手动送丝按钮，有利于远程控制和操作。

（3）焊枪。

焊枪是用来传导电流、输送焊丝和保护气体的装置。焊枪的种类繁多，焊接人员可根据不同的需要来进行选择。

（4）供气系统。

供气系统由气瓶、减压流量调节器及管道等组成。

图 1-2-1 所示为半自动焊接 CO_2 设备实物图。

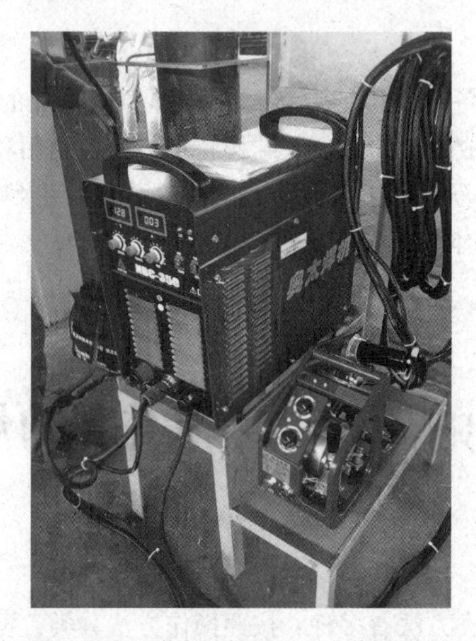

图 1-2-1　半自动焊接 CO_2 设备实物图

一、CO_2 气体保护焊电源

CO_2 气体保护焊是熔化极活性气体保护焊（英文缩写为 MAG），指用金属熔化极作电极，活性气体（CO_2）作为保护气体的焊接方法。与焊条电弧焊相比，CO_2 气体保护焊的焊机结构稍稍复杂一些，因为它增加了送丝机构和相应的送丝控制电路，因此，在焊接操作过程中可以实现半自动化。也正是如此，气体保护焊缺少了更换焊条的过程，减少了时间的损耗，生产效率也是焊条电弧焊的 2~3 倍。CO_2 气体保护焊的焊机具备非常好的引弧性能，电弧燃烧稳定，焊接过程中使用的 CO_2 保护气体价格便宜，而且引弧非常容易，焊接成本低、效果好。同时，送丝速度、输出电压和电流具有连续、可调节的特

点，可使输出电压和电流达到最合适的匹配，从而能提高焊接质量，适用于各类焊接。

1. CO_2气体保护焊电源的基本要求

采用CO_2气体保护焊进行小电流焊接时，熔滴过渡形式应采用短路过渡。焊丝与母材接触时，在焊丝端部逐渐熔化形成小熔滴，熔滴不断变大，就会脱离焊丝，流入熔池，即形成焊缝。焊丝与母材工件间形成电弧，随着焊丝的不断输出，电弧会变短，焊丝会再次接触母材工件，如此循环，形成整个焊接过程。

在整个焊接过程中，电弧周而复始地引弧、燃弧、短路，使得弧焊电源一直在负载、短路、空载三个状态间循环。因此，想要获得良好的引弧、燃弧和熔滴过渡的状态，必须对弧焊电源提出如下要求。

（1）焊接电压调节的范围大，用来满足不同的焊接工艺。

（2）电流稳定性良好，抗干扰能力强。

（3）弧焊电源能提供满足焊接操作的稳定的焊接外特性。

（4）满足送丝机构电机的供电需求。

（5）可以提供匀速的送丝速度，保证焊接质量。

（6）可以满足其他焊接要求，如手开关控制，焊接电流、电压显示，焊丝选择，完善的指示与保护系统，等等。

2. CO_2气体保护焊电源外特性曲线

CO_2气体保护焊电源的负载状态在负载、短路、空载三态间循环和不断转换，其输出电压与电流的外特性曲线如图 1-2-2（a）所示。CO_2气体保护焊电源外特性曲线属平外特性（也称为恒压外特性）。实际上，电源外特性曲线一定不是真正平直的，大多是略微下降的，当它的下倾率小于 8 V/100 A 时，即达到规定要求，可以进行使用。这类弧焊电源要求和等速送丝机一起使用，通过改变空载电压来调节电弧电压，通过改变送丝速度来调节焊接电流。为了达到合适的输出和良好的焊接效果，可采取等速送丝的方式，并且联合如图 1-2-2（b）所示的平台型外特性弧焊电源的控制系统。其具有以下多项优点。

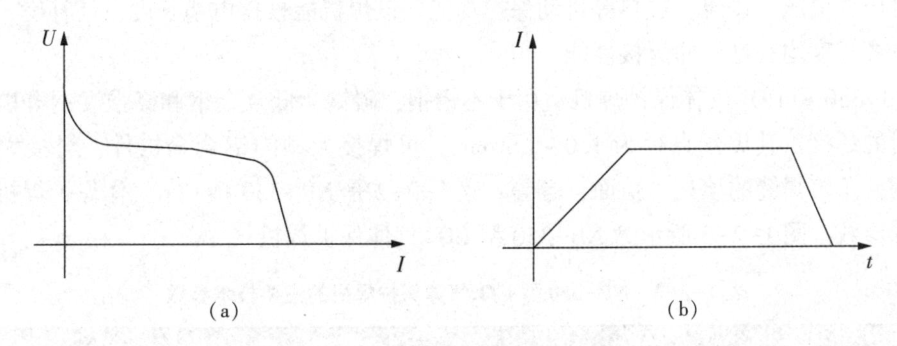

图 1-2-2　CO_2气体保护焊电源外特性曲线

（1）在焊接操作过程中，随着电弧弧长的变化，焊接电流数值会自动调整变化。

当电弧弧长变短时，电阻将会变小，焊接电流会自动调整增大，此时由于送丝速度恒定不变，也不会造成电弧不稳定。电弧自调节发挥着强大的作用，使短路的电流增大，引弧变得容易。

（2）在焊接操作过程中，可以对焊接电压和焊接电流单独进行调节。这样会使焊接电流和焊接电压更好地进行匹配，使其在不同的工艺生产中都可以很好地进行焊接操作，得到优质焊缝。

（3）在焊接操作中，弧长不会影响焊接电压。

3. CO_2气体保护焊电源型号的含义

CO_2气体保护焊电源型号的表示方法大多是由汉语拼音和数字组成的，一般来说，常用的国产CO_2气体保护焊机型号及其主要技术参数如表1-2-1所列。

表1-2-1　常用的国产CO_2气体保护焊机型号及其主要技术参数

焊机型号	电源电压/V	工作电压/V	额定焊接电流/A	额定负载持续率	焊丝直径范围/mm	送丝方式	送丝速度/（m·h⁻¹）
NBC-400	380	16~36	400	70%	0.8~1.6	推丝	70~450
NBC-500	380	12~44	500	85%	1.2~1.6	推丝	110~750
NBC1-300	380	16~30	300	75%	1.0~1.4	推丝	150~450
NBC1-400	220	14~40	400	65%	1.2~1.6	推丝	100~850
NBC1-500-1	380	14~42	500	65%	1.2~2.0	推丝	150~450
NBC2-500	380	18~41	500	65%	1.0~1.6 （1.6~2.4）	推丝	110~950
NBC3-250	380	12~32	250	95%	0.8~1.6	推丝	120~1100
NZC-500-1	380	18~42	500	70%	1.0~2.0	推丝	89~860

北京时代科技股份有限公司（以下简称北京时代）生产的NB-350型CO_2气体保护焊机采用先进的脉宽调制（PWM）控制的绝缘栅双极型晶体管（IGBT）逆变技术，具有重量轻、体积小、效率高和可靠性高等优点，对电网电压波动具有自动补偿功能，并设有过压、欠压、过流、过热等自动保护功能。该焊机能根据电缆长度自动补偿，确保不同电缆长度均有良好的焊接性能。

NB-350型CO_2气体保护焊机适用于不锈钢、碳钢、低合金钢和高强度钢等黑色金属材料的焊接。其焊丝直径为1.0~1.2 mm，可焊接大型的铝合金构件，对接大型铝槽、罐，角接焊缝的填充与盖面，等等。表1-2-2是NB-350型CO_2气体保护焊机的主要技术参数。图1-2-3所示为NB-350型CO_2气体保护焊机。

表1-2-2　NB-350型CO_2气体保护焊机的主要技术参数

型号	NB-350
输入电源	三相，380 V±10%，50 Hz

表 1-2-2（续）

型号	NB-350
额定输入电流/A	21
额定输入功率/（kV·A）	15
功率因数	≥0.87
CO_2 气体预热电源	AC36 V
最大空载电压/V	58
焊接电流可调范围	60~350
负载持续率（40 ℃）	60%，350 A
	100%，270 A
效率	≥89%
适用焊丝直径/mm	0.8~1.2
主机外形尺寸/mm	576×297×574
主机重量/kg	40
标配送丝装置	WF-350
送丝机外形尺寸/mm	450×180×310
送丝机重量/kg	13.6
外壳防护等级	IP21S
绝缘等级	F

图 1-2-3　NB-350 型 CO_2 气体保护焊机

4. 焊接电源的负载持续率

弧焊电源的负载持续率也称为暂载率，是表示焊机是否具备一直持续工作能力的一项重要技术标准，用百分率来表示。百分率越高，可以使用的焊接电流越小；百分率越低，可以使用的焊接电流越大。不同的负载持续率允许对应不同的焊接电流。因此，在合理条件下使用弧焊电源，可以延长焊机使用寿命；而在超负载条件下使用弧焊电源，将致使焊机温度过高，进而产生不良后果，轻则会减少它的使用寿命，重则会烧毁设备。因此，在使用弧焊电源之前，需要熟悉焊机的额定焊接电流和负载持续率，以及它们之间的匹配关系。

（1）负载持续率。

负载持续率的计算公式如下：

$$负载持续率=\frac{燃弧时间}{焊接时间}\times 100\%$$

（2）额定负载持续率。

在弧焊电源出厂的标准中对负载持续率做出了规定。目前，我国规定的额定负载持续率为60%，也就是在5 min内连续焊接或将焊接时间累计，电弧燃烧为3 min、辅助时间为2 min时的负载持续率。例如：①负载持续率为100%，电流为400 A，表示当焊接电流为400 A时，允许持续焊接，时间上不受限制；②负载持续率为60%，电流为500 A，则表示当焊接电流为500 A时，每持续焊接3 min，一定要停止2 min后，才可继续进行焊接操作；③负载持续率为40%，电流为600 A，表示当焊接电流为600 A时，每持续焊接2 min，一定要停止3 min后，才可继续进行焊接操作。

（3）额定焊接电流。

额定焊接电流是指在设计焊接电源时，依据电源经常使用的工作条件选定的负载持续率，即额定负载持续率。额定负载持续率下可以使用的焊接电流称为额定焊接电流。例如，BX3-300焊机的额定负载持续率为60%，可以使用的相匹配的焊接电流为300 A，该电流即弧焊电源的额定焊接电流。

（4）允许使用的最大焊接电流。

已知负载持续率、额定负载持续率和额定焊接电流时，可以按照下式计算允许使用的最大焊接电流：

$$允许使用的最大焊接电流=\frac{\sqrt{额定负载持续率}}{负载持续率}\times 额定焊接电流$$

二、送丝机构

CO_2气体保护焊的送丝机构由电动机、减速器、校直轮、送丝轮、送丝软管、焊丝盘等组成。

1. 送丝方式

CO_2气体保护焊机的送丝方式主要有推丝式、拉丝式、推拉式三种，每一种送丝方式

选择不同长度的送丝软管。推丝式的送丝软管长度多为3~5 m，推拉式的送丝软管长度一般为15 m。如果送丝软管长度增加，将不利于送丝稳定性，也会对焊接电流造成很大的影响。因此，为了保证送丝稳定性，要对相应的送丝电机和送丝控制电路进行严格要求。

（1）推丝式送丝。

推丝式送丝是半自动熔化极气体保护焊使用最多、应用最广泛的送丝方式之一。采用这一送丝方式的焊枪的优点是结构简单、轻便，操作和维修相对来说很方便；缺点是焊丝送进的阻力较大，一旦送丝软管过长，送丝稳定性会变差。该方式的送丝软管长度多为3~5 m。

（2）拉丝式送丝。

拉丝式送丝可分为三种形式：第一种是将焊丝盘和焊枪分开，可以通过送丝软管将两者连接起来；第二种是将焊丝盘直接安装在焊枪上，这种形式与第一种形式都比较适合于细丝半自动焊接操作；第三种不仅是将焊丝盘与焊枪分开，而且将送丝电动机与焊枪分开，这样的送丝方式主要是针对自动熔化极气体保护电弧焊，常常用在细直径（如0.8 mm）焊丝中，适合薄板焊接。

（3）推拉式送丝。

推拉式送丝的送丝软管长度最大可达15 m，极大地增加了半自动焊接的操作距离。焊丝的前进不仅仅依靠后面的推力，还依靠前面的拉力，利用这两个力的总合力来克服焊丝在软管中的阻力。在送丝过程中，需要一直保持焊丝在软管中处于拉直状态。这样的送丝方式常常用于半自动熔化极气体保护电弧焊。

2. 送丝轮

每种送丝机的送丝轮结构都略有不同，依据其表面形状和结构，一般可将推丝式送丝机构分成行星双曲线送丝机构和平轮V形槽送丝机构两类。图1-2-4所示为单驱动-单个送丝轮结构图。

图1-2-4　单驱动-单个送丝轮结构图

(1) 行星双曲线送丝机构。

这类送丝机构采取的是特殊设计双曲线送丝轮，它具有滚轮与焊丝接触面积大、送丝力强、送丝阻力小、送丝速度稳定等优点。经操作实践得出，这类机构送丝效果很好，但缺点在于生产制作难度很大。

(2) 平轮 V 形槽送丝机构。

平轮 V 形槽送丝机构的送丝轮上切有 V 形槽，焊丝嵌入 V 形槽中，大大增加了焊丝和送丝轮的摩擦力，焊丝效果显著。虽然这类送丝机构已经增加了焊丝和送丝轮之间的摩擦力，但还是容易出现两者之间打滑的现象，然而因为其特点十分突出，生产工艺非常简单，成本又低廉，所以在目前的焊接操作中，弧焊电源送丝机大多采用这类送丝机构。

采用推丝式送丝机构装置时，要依据焊丝的直径来选择与之匹配的送丝轮，送丝轮的规格要和焊丝直径的规格相同，如 V 形槽宽度为 0.8~1.6 mm。如果压紧力太大，一定会在焊丝上压出棱边和很深的齿痕，送丝阻力也会随之增大，这种情况下焊丝嘴的内孔非常容易被磨损；如果压紧力太小，会导致送丝不均匀，乃至出现送不出焊丝的现象。

三、焊枪

焊枪的种类有很多，其分类方式主要有以下两种。

1. 按照送丝方式分类

依据送丝方式的不同，可将焊枪分为拉丝式焊枪和推丝式焊枪两种。图 1-2-5 所示为欧式 24KD 气保焊枪（3 m，2.84 kg）实物图。

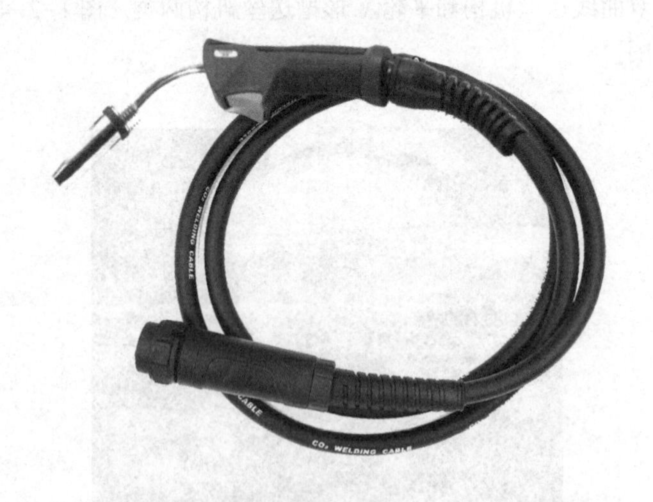

图 1-2-5　欧式 24KD 气保焊枪（3 m，2.84 kg）实物图

（1）拉丝式焊枪。

拉丝式焊枪的送丝机构与焊枪是一个整体，因此焊接操作的范围非常广；同样由于这个因素，整个焊枪重量比较大，增加了焊接人员的操作难度。因此，采用这种送丝机构的焊枪优、缺点非常突出，大多只用于进行细丝焊接操作使用，而且焊丝直径往往不超过 0.8 mm。其实物图如图 1-2-6 所示，结构图如图 1-2-7 所示。

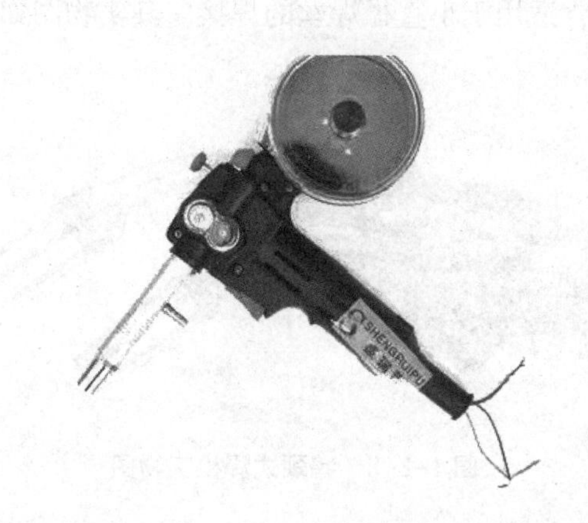

图 1-2-6　拉丝式焊枪实物图

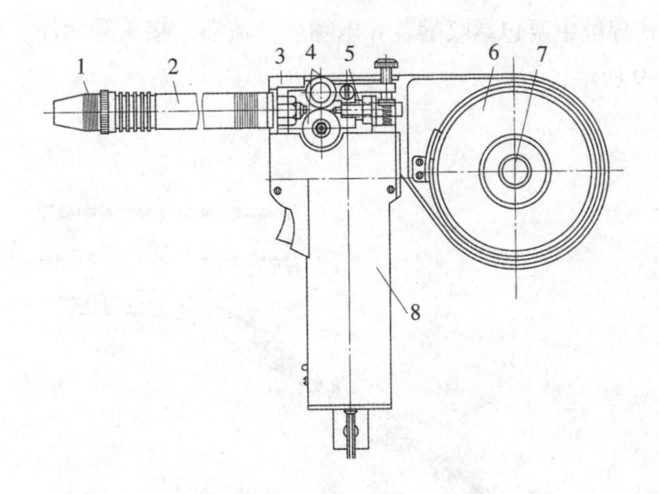

图 1-2-7　拉丝式焊枪结构图

1—喷嘴；2—枪体；3—绝缘外壳；4—送丝轮；5—螺母；
6—焊丝盘；7—压栓；8—电动机

（2）推丝式焊枪。

推丝式焊枪的送丝轮安装在送丝机构上，结构简单，方便焊接人员操作；但它的缺点也非常突出，焊丝在经过软管的过程中会遇到较大的摩擦力，因此只能在焊丝直径为 1 mm 以上时使用。

2. 按照焊枪形状分类

依据形状的不同，可将焊枪分为鹅颈式焊枪和手枪式焊枪两种。

(1) 鹅颈式焊枪。

这种焊枪的形状类似鹅颈。目前生产的弧焊电源所匹配的原厂焊枪都是鹅颈式焊枪，其性能比较稳定，价格便宜，配件也非常简单，因此使用最为广泛。鹅颈式焊枪针对平焊位置时使用方便，适用于小直径焊丝的焊接。其实物图如图 1-2-8 所示。

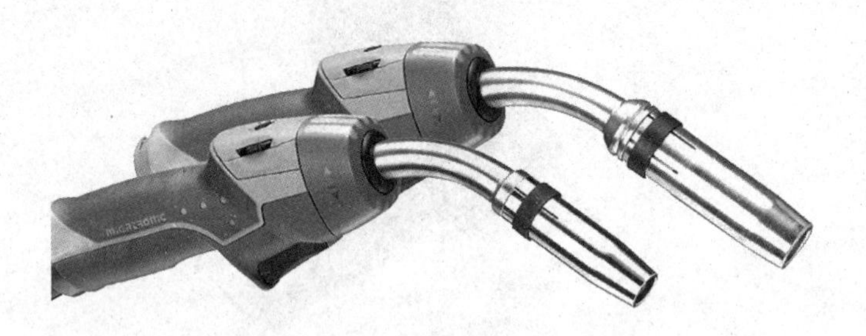

图 1-2-8　鹅颈式焊枪实物图

典型的鹅颈式焊枪主要包括喷嘴、导电嘴、分流器、接头等元件。鹅颈式焊枪头部结构图如图 1-2-9 所示。

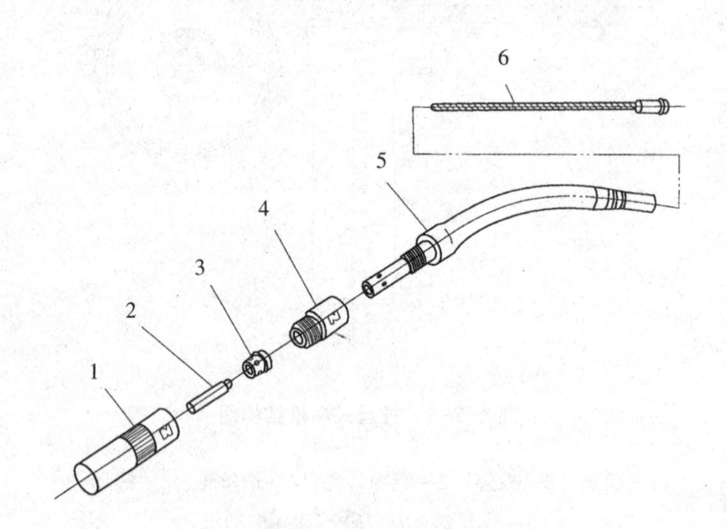

图 1-2-9　鹅颈式焊枪头部结构图

1—喷嘴；2—导电嘴；3—分流器；4—接头；5—枪体；6—弹簧软管

①喷嘴。CO_2 气体保护焊的保护效果和喷嘴的作用紧密相关。喷嘴的形状大多分为两种：一种是圆柱形；另一种是圆锥形。喷嘴直径太大或太小，会对气体保护效果产生不同的影响。为了保证气体保护效果良好，保护气体流量大多为 15~20 L/min。如果喷

嘴直径很小，熔池气体保护的覆盖率就会变小，保护效果将会降低；如果喷嘴直径很大，此时必须增加气体流量来提升保护效果，这样就会造成气体浪费。因此，应采用最适合的喷嘴直径。目前，焊接行业中常用纯（紫）铜或陶瓷材料来制造喷嘴，为了降低其内、外表面的粗糙度，一般会要求在纯铜喷嘴的表面镀上一层铬，以此来提高喷嘴的表面硬度和降低粗糙度。众所周知，在进行气体保护焊操作时，不可避免地会产生飞溅物，尤其是经过一段时间的焊接操作后，飞溅物往往会堆积在喷嘴内壁处，严重影响气体保护效果。因此，为了保护喷嘴，增加喷嘴使用寿命，一般要求在焊接操作前，在喷嘴内部涂一层防飞溅剂，也可以涂一些硅油，以防止飞溅物堆积。

②导电嘴。该元件一般用紫铜生产制造。紫铜的导电性能非常好，可以为焊丝提供流畅的电流传输。导电嘴的规格往往以焊丝直径为准，焊接操作时若使用不同的焊丝，则应选取不同型号的导电嘴，以保证焊丝直径与导电嘴孔径相契合。一般来说，导电嘴的孔径应该比焊丝直径大 0.2 mm 左右。

③分流器。该元件可采用绝缘陶瓷生产，元件上有均匀分布的小孔，从枪体中喷出的保护气经分流器后，从喷嘴中呈层流状均匀喷出，以此来增加气体保护效果。

④接头。该元件由弹簧软管、内绝缘套管和控制线组成。其外面为橡胶绝缘管，内有弹簧软管、纯铜导电电缆、保护气管和控制线。一般接头的标准长度为 3 m，在生产中也可以根据自身需要选取 6 m 长的接头。

（2）手枪式焊枪。

这种焊枪的形状类似手枪，用它来焊接除水平面以外的空间焊缝非常方便。当焊接电流稍小时，焊枪可采用自然冷却的方法；当焊接电流稍大时，焊枪可采用水冷式的方法。手枪式水冷焊枪示意图如图 1-2-10 所示。

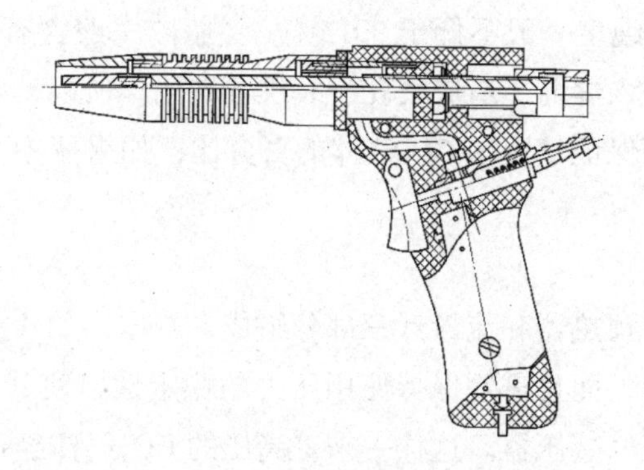

图 1-2-10　手枪式水冷焊枪示意图

四、供气系统

CO_2气体保护焊的保护类型为气体保护焊，因此气体的保护非常重要。其供气系统由 CO_2 气瓶、减压表、干燥器、流量计、电磁气阀等组成，主要作用是向焊缝区提供稳定的保护气体。

1. CO_2气瓶

CO_2气瓶的瓶体被涂成铝白色，瓶身被喷上黑色的“液化二氧化碳”字样，如图1-2-11所示。CO_2气瓶体积为40 L，瓶内最多可以容纳25 kg的液态CO_2。一般在出厂后满瓶的CO_2气瓶中，液态CO_2和气态CO_2分别约占气瓶容积的80%和20%。在进行焊接操作时，液态CO_2会转换成气态CO_2。在气瓶使用过程中，气体压力往往为5~7 MPa；但是一旦气体压力低于5 MPa，则证明此时气瓶内气体不足，需要更换气瓶来保证气体供应。需要注意的是，气体压力并不能代表瓶内是否有充足的CO_2。

图1-2-11　CO_2气瓶

焊接用的CO_2气体纯度一般不低于99.5%。气瓶内一般含有杂质，成分为水蒸气。水蒸气在焊接时容易进入焊缝，造成气孔、裂纹等缺陷。所以，为了尽量减少水蒸气对焊接操作的影响，需要保证气瓶中CO_2气体的百分比，如果瓶中气压低于1 MPa，不宜继续使用该气瓶。

2. 减压表

减压表由减压器、预热器和流量计三部分组成。减压器的作用是降低气瓶内的气体压力至可以使用的压力，而且需要保持使用压力的稳定性，使其可以进行调节。CO_2气体的减压器往往采用氧气减压器。这样一来，高压的CO_2气体经过减压阀会变成低压气体，在这个过程中，气体的体积突然膨胀，温度则降低，致使气体温度下降到0 ℃以下，容易把瓶阀和减压器冻坏，造成气路堵塞现象。这时需发挥预热器的作用，预防瓶阀和减压器被冻坏或气路被堵塞。预热器的功率为100 W左右，电压要低于36 V，外壳接地即可。焊接操作工作结束后，须立刻切断电源和气源。流量计的作用是测量和调节CO_2气体的流量，进行CO_2气体保护焊操作时，过大或过小的气体流量都会对焊接过程产生影响，因此，必须通过流量计对气体流量进行调节。在实际工作中一般使用转子

流量计。

3. 干燥器

CO_2气瓶中会含有少量的水蒸气，从气瓶中出来的气体经过减压阀后，一定会经过干燥器的干燥，以过滤气体中的水，预防焊缝产生缺陷。

4. 电磁气阀

电磁气阀是用电信号控制气流通断的装置。图 1-2-12 所示为减压器系统安装图。

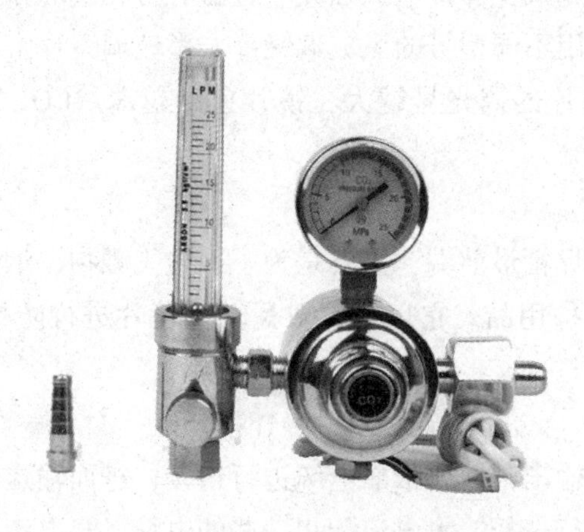

图 1-2-12　减压器系统安装图

五、防护用品及其用具

1. 焊接面罩

焊接面罩又称为焊帽，是指在焊割作业中起到保护作业人员安全的工具。焊接面罩由观察窗、滤光片、保护片和面罩等组成，分为手持式面罩、头盔式面罩、安全帽面罩和安全帽前挂眼镜面罩四种类型。图 1-2-13 所示为手持式面罩和头盔式面罩。

（a）手持式面罩

（b）头盔式面罩

图 1-2-13　焊接面罩

随着科技的发展，自动变光焊接面罩在焊接操作中的应用越来越广泛。它是集光学、电子学、人体学、材料学等学科于一体的高科技产品。焊帽上的遮光镜片是采用优质的LCD与镀玻璃组合而成的，镜片上的光感应系统可以在瞬间探测到电焊时弧光的产生与消失，并立刻开启液晶体遮光变色，使镜片安全有效地过滤有害光，以保护焊接人员的眼睛和面部，防止弧光辐射的伤害。

2. 黑玻璃镜片

黑玻璃镜片可以起到减少焊接电弧强光、过滤有害光线的作用。依据所选取的焊接操作方法不同，可以选用不同型号的黑玻璃镜片。黑玻璃镜片常常按照亮度分为6个型号（7~12号），玻璃镜片的遮光号越大，镜片色泽越深。CO_2 气体保护焊操作常用9号玻璃。

3. 白玻璃镜片

白玻璃镜片放置在焊帽最前端，主要是为了预防飞溅物、烟尘等进入眼睛，以防止其对人体造成伤害的防护用品。它也可以对黑玻璃镜片进行防护，减少黑玻璃镜片的损耗。

4. 焊接电缆

弧焊电源的输入和输出都需要依靠电缆进行连接，进而输送电流。选择电缆时需要根据焊机的额定电流进行选择，大电流配粗一些的电缆，小电流配细一些的电缆，以防止电流过载的现象。而且要保证电缆绝对绝缘的质量，从而保护焊接人员操作安全。此外，电缆一定不要过长，否则会引发电流衰减，影响焊接参数的准确性。

六、辅助工具及量具

1. 尖嘴渣锤

尖嘴渣锤是用来清除焊接操作过程中产生的各种飞溅物及熔渣的工具。

2. 錾子

焊接操作过程中经常会产生一些焊接缺陷，应用錾子可以方便地弥补这些缺陷，而且在一定条件下，它可以代替一部分电动工具。

3. 钢丝刷

钢丝刷是用来清除焊件表面的铁锈、氧化皮等的辅助工具，当清理焊接坡口和多层焊焊道时，可以使用2~3行的窄形弯把钢丝刷。

4. 样冲

样冲是用来在焊件表面敲印迹、做标记的工具。

5. 锉刀

锉刀是用来打磨焊缝钝边或者修整焊缝的工具。

知识二　CO_2气体保护焊焊接材料

CO_2气体保护焊焊丝及气体

气体种类和焊丝型号是焊接操作的基础。CO_2气体保护焊焊接中气体和焊丝的种类多种多样，下面将详细叙述。

一、CO_2气体

二氧化碳是一种碳氧化合物，化学式为CO_2，相对分子质量为44.0095。它在常温、常压条件下是一种常见的温室气体，而且是空气的组分之一（占大气总体积的0.03%~0.04%）。

CO_2可由高温煅烧石灰石或石灰石和稀盐酸反应制得，在生活中，主要应用于冷藏易腐败的食品（固态）、作制冷剂（液态）、生产碳化软饮料（气态）和作均相反应的溶剂（超临界状态）等。至于它的毒性，有研究结果表明：低浓度的CO_2并没有毒性，高浓度的CO_2则会使动物中毒。

1. CO_2气体的性质

在物理性质方面，CO_2的熔点为-56.6 ℃（527 kPa），沸点为-78.5 ℃，在标准条件下密度比空气密度大，易溶于水。在化学性质方面，CO_2的化学性质不活泼，热稳定性很高（2000 ℃时仅有1.8%的CO_2分解），既不能燃烧，往往也不支持燃烧；它属于酸性氧化物，具有酸性氧化物的特性，因与水反应生成的是碳酸，因此是碳酸的酸酐。

纯CO_2是无色、无臭的气体，密度为1.977 kg/m^3，比空气重（空气的密度为1.29 kg/m^3）。CO_2有固态、液态和气态三种状态。当不加压力冷却时，CO_2直接由气体变成固体（即干冰）。当温度升高时，干冰升华直接变成气体。此时空气中的水分不可避免地会凝结在干冰上，使干冰升华时产生的CO_2气体中含有很大的水分，因此，固态的CO_2不能直接用于焊接操作中。

常温下，CO_2加压至5~7 MPa时会变成液体，而常温下的液态CO_2比水轻，其沸点为-78 ℃。在0 ℃和0.1 MPa条件下，1 kg的液态CO_2可产生509 L的CO_2气体。

2. CO_2气体纯度对焊缝质量的影响

CO_2气体纯度对焊缝金属的力学性能会有非常大的影响。CO_2气体中的主要杂质是水分和氮气。氮气往往含量比较少，危害比较小；而水分危害非常大，随着CO_2气体中水分含量的增加，焊缝金属中的扩散氢含量也增加，因此会造成工件冷裂纹、焊缝金属的塑性变差，使焊缝容易出现气孔。

根据《工业液体二氧化碳》（GB/T 6052—2011）的规定，焊接用CO_2气体的纯度应不低于99.5%（体积分数），其水含量应不超过0.005%（质量分数）。

3. 瓶装CO_2气体

工业生产上使用的瓶装液态CO_2价格低廉又方便。标准钢瓶的容量为40 L，可灌入25 kg的液态CO_2，约占钢瓶容积的80%；CO_2气体充满了约20%的剩余空间，气瓶压力表上指示的就是这部分气体的饱和蒸气压，它的值与环境温度有关。温度升高时，饱和蒸气压会相应增加；温度降低时，饱和蒸气压会相应降低。0 ℃时，饱和蒸气压为3.63 MPa；20 ℃时，饱和蒸气压为5.72 MPa；30 ℃时，饱和蒸气压为7.48 MPa。所以，应禁止CO_2气瓶靠近热源或被烈日暴晒，以避免发生爆炸事故。当气瓶内的液态CO_2全部挥发成气体后，气瓶内的压力才会慢慢下降。

液态CO_2中可溶解约0.05%（质量分数）的水，多余的水沉在瓶底，这些水和液态CO_2一起挥发后，水分将混入CO_2气体中一起进入焊接区。溶解在液态CO_2气体中的水也可蒸发成水蒸气混入CO_2气体中，进而影响气体的纯度。水蒸气的蒸发量与气瓶中气体的压力有关，随着气瓶内压力越来越低，水蒸气的含量越来越高。

4. CO_2气体的提纯

以前国内焊接操作使用的CO_2气体主要是酿造厂、化工厂的副产品，水分含量较高，纯度不稳定，为保证焊接质量，须对这种瓶装气体进行提纯处理，用以减少其中的水分和空气。

在焊接操作时，采用以下措施可以很好地降低CO_2气体中水分的含量。

（1）将新灌气瓶倒置1~2 h后，打开阀门，方可排除沉积在气瓶下面的液态水。根据气瓶中含水量的不同，每隔30 min左右放1次水，共放水2~3次。然后，将气瓶放正，开始焊接。

（2）更换气瓶时，应先放气2~3 min，用以排除装瓶时混入的空气和水分。

（3）必要时，可在气路中设置高压干燥器或低压干燥器。用硅胶或脱水硫酸铜作干燥剂，用过的干燥剂经烘干后可反复使用。

（4）当气瓶中压力降到1 MPa时，须停止用气。当气瓶中液态CO_2用完后，气体的压力将随着气体的消耗而下降。当气瓶压力降到1 MPa以下时，CO_2中所含水分将增加1倍以上，如果继续使用，焊缝中将产生气孔。焊接对水比较敏感的金属时，当瓶中气压降至1.5 MPa时，不宜继续使用该气瓶。

二、混合气体

用纯CO_2作为保护气体进行焊接操作时，非常容易出现焊缝外观不良、飞溅大等问题。为了改善焊缝外观、减少飞溅物等，往往采用混合气体进行焊接操作。

1. 混合气体种类

生产中，常用于和CO_2气体混合使用的气体为氩气（Ar）和氧气（O_2）。

（1）氩气。

氩气是一种无色、无味的单原子气体，相对原子质量为39.948。生产中，往往由

空气液化后，用分馏法来制取氩气。氩气的密度是空气密度的1.4倍，是氦气（He）密度的10倍。氩气是一种惰性气体，在常温下与其他物质不发生化学反应，在高温下也不溶于其他液态金属中，因此在焊接有色金属时，更能显示其优越性。氩气可用于灯泡充气和对不锈钢、镁、铝等的电弧焊接混合气体保护焊，主要用于焊接含合金元素较多的低合金高强度钢。为了确保焊缝质量，焊接低碳钢时，尽量采用混合气体保护焊。

（2）氧气。

氧气是无色、无味的气体，是氧元素最常见的单质形态。其熔点为-218.4 ℃，沸点为-183 ℃；不易溶于水，1 L水中可溶解约30 mL氧气。在空气中，氧气约占21%。氧是自然界中最重要的元素，在标准状态下，其密度为1.43 kg/m^3，比空气重。在-183 ℃时，它会变成浅蓝色液体；在-219 ℃时，会变成淡蓝色固体。

氧气本身不会燃烧，它是一种活泼的助燃气体。氧气的化学性质极为活泼，能同很多元素化合生成氧化物。在焊接过程中，氧气能够使合金元素氧化，因此对焊接操作有害。

工业上用的氧气可分为两级：一级氧气的纯度（体积分数）不低于99.2%；二级氧气的纯度（体积分数）不低于98.5%。氧气的纯度对气焊、气割的效率和质量都会产生一定的影响。大多数情况下，使用二级纯度的氧气就能满足气焊和气割的要求。对于切割质量要求较高时，混合气体保护焊应采用一级纯度的氧气。

瓶装氧气的体积通常为40 L，工作压力为15 MPa，瓶体为天蓝色，用黑漆标明“氧气”两字。钢瓶应放在远离火源及高温区的地方（10 m以外），禁止暴晒，禁止与油脂类等物品接触。

2. 混合气体配比

焊接保护混合气体配比如表1-2-3所列。

表1-2-3　焊接保护混合气体配比

主要气体	混入气体	混合范围（体积分数）	允许气压/MPa（35℃）
Ar	O_2	1%~12%	9.8
	H_2	1%~15%	
	N_2	0.2%~1.0%	
	CO_2	18%~22%	
	He	50%	
He	Ar	25%	
Ar	CO_2	5%~13%	
	O_2	3%~6%	
CO_2	O_2	1%~20%	
Ar	O_2	3%~4%	
	N_2	(9~10)×10^{-6}	

3. 混合气体应用

常用的混合气体保护焊主要有 $Ar+CO_2$、$Ar+O_2$和 $Ar+CO_2+O_2$三种。

（1）$Ar+CO_2$混合气体。

$Ar+CO_2$ 混合气体主要用于碳钢和低合金的焊接操作，很少用于不锈钢焊接。$Ar+CO_2$比纯 CO_2产生的飞溅物少，而且会减少合金元素烧损，有利于提高焊缝的强度和冲击韧性。Ar 中加少量 CO_2（同加少量 O_2一样）会产生喷射电弧。二者最大的不同是 $Ar+CO_2$混合气体比 $Ar+O_2$混合气体产生喷射电弧的临界电流高。$Ar+CO_2$混合气体的配比比例几乎可以为任一比例。例如，Ar 加 5%的 CO_2混合气体用于低合金钢厚板全位置脉冲 MAG 焊，往往比加 2%的 CO_2时的焊缝氧化少，而且其可以改善熔深，气孔很少；Ar 加 10%～20%的 CO_2用于碳钢、低合金钢窄间隙焊，薄板全位置焊和高速 MAG 焊；Ar 加 21%～25%的 CO_2往往用于低碳钢短路过渡焊；Ar 加 50%的 CO_2用于高热输入深熔焊；Ar 加 70%的 CO_2用于厚壁管的焊接；等等。

（2）$Ar+O_2$混合气体。

Ar 中添加少量 O_2 用于熔化极气体保护焊，可以提高电弧的稳定性，大大增加熔滴细化率，减少喷射过渡电流的现象，改变润湿性和焊道成形，如 Ar 加 1%～2%的 O_2往往用于碳钢、低合金钢、不锈钢的喷射电弧焊。

适当增加电弧气氛的氧化性，使熔池液态金属温度提高，流动性得到改善，熔融金属能充分流向焊趾，减轻咬边倾向，而且使焊道平坦，如 Ar 加 5%～10%的 O_2可用于碳钢的焊接，也可提高焊接操作的速度。而且有时添加少量 O_2 用于焊接非铁金属，如在焊接非常洁净的铝板时，加入体积分数为 1%的 O_2，可使电弧稳定性增加。

（3）$Ar+CO_2+O_2$混合气体。

含有这三种组分的混合气体，往往 CO_2含量在 20%以下，O_2含量在 5%以下。这类混合气体的优点在于可焊接各种厚度的碳钢、低合金钢、不锈钢，不论哪种熔滴过渡形式，都具有多方面适应性，对改善焊缝断面形状非常有好处。实践结果证明，混合气体比例为 80%Ar+15%CO_2+5%O_2时，焊接低碳钢、低合金钢能得到最佳结果，焊缝成形、接头质量、金属溶滴过渡和电弧稳定性方面都能得到很大提升。

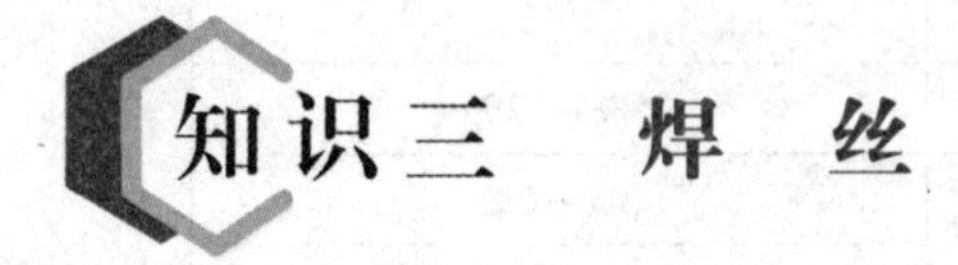

知识三 焊 丝

一、焊丝分类

焊丝是作为填充金属或同时作为导电用的金属丝的一种焊接材料。CO_2气体保护焊

所使用的焊丝按照形状结构来划分，分为实心焊丝、药芯焊丝两种。

1. 实心焊丝

实心焊丝，也称“光焊丝”，是现阶段最普遍使用的焊丝，实心焊丝是由热轧线材经拉拔加工而制成的。为了防止焊丝生锈，除不锈钢焊丝和有色金属焊丝外，其余都要进行表面处理。目前，主要采用镀铜处理，包括电镀、浸铜及化学镀等方法。常用的镀铜工艺方法有以下两种。

(1) 电镀工艺。

化学镀工艺的流程如下：粗拉放线→粗拉预处理→粗拉→退火→细拉放线→细拉预处理→细拉→化学镀→精绕→包装。

(2) 化学镀工艺。

电镀工艺的流程如下：粗拉放线→粗拉预处理→粗拉→退火→镀铜放线→镀铜预处理→细拉→有氰电镀或无氰电镀→精绕→包装。

在焊接操作过程中，采取 CO_2气体作为保护气体，可以有效防止空气中的气体进入焊缝，防止产生相应缺陷。同时，CO_2气体又是一种氧化性气体，在焊接操作过程中能够与各种金属元素发生剧烈的氧化反应，其反应方程式如下：

$$CO_2+Mn=MnO+CO$$

$$CO_2+Fe=FeO+CO$$

$$2\ CO_2+Si=SiO_2+2\ CO$$

当然，CO_2分解出的氧原子也会使各种金属元素氧化。

合金元素的烧损会导致焊缝力学性能的相应改变。因此，为了防止焊缝产生气孔，减少飞溅物和保证焊缝具有非常好的力学性能，要求焊丝中含有足够的 Mn，Si 元素，也就是指常用的脱氧剂。如果用碳脱氧，会产生气孔及飞溅物，因此应限制焊丝中 ω（C）小于0.1%；如果仅用硅脱氧，会产生高熔点的 SiO_2，很难浮出熔池，容易引起夹渣；如果仅用锰脱氧，生成的氧化锰密度大，很难浮出熔池，也容易引起夹渣。因此，可以采用锰、硅联合脱氧的方式来保证焊缝的质量。

常用的 CO_2气体保护焊使用的焊丝牌号为 H08Mn2SiA，其化学成分如表 1-2-4 所列。

表 1-2-4　H08Mn2SiA 焊丝的化学成分

主要化学成分					其他化学成分	
C	Mn	Si	Cr	Ni	S	P
≤0.11	1.8~2.1	0.65~0.95	≤0.20	≤0.30	0.03	0.03

H08Mn2SiA 焊丝在焊接时，可以提供良好的焊接工艺性能及力学性能，适合进行焊接低碳钢及抗拉强度不超过 500 MPa 的低合金钢。使用这种焊丝得到的焊缝金属的力学性能如表 1-2-5 所列。

表 1-2-5 焊丝熔敷金属的力学性能

焊丝种类	屈服极限（σ_s）/MPa	抗拉强度（σ_b）/MPa	伸长率（A）	常温冲击吸收功（Ak）/J
H08Mn2SiA	≥272	≥480	≥20%	≥47

2. 药芯焊丝

药芯焊丝也称粉芯焊丝、管状焊丝，它分为气保护和自保护两大类。药芯焊丝表面与实心焊丝表面一样，都是由塑性较好的低碳钢或低合金钢等材料制成的。它的制造方法是先把钢带轧制成 U 形断面形状，再把按照剂量配好的焊粉添加到 U 形钢带中，用压轧机轧紧，最后经拉拔制成不同规格的药芯焊丝。

药芯焊丝是一种有发展空间的焊接材料。经调查表明，在焊条、实心焊丝、药芯焊丝三大类焊接材料中，焊条的年消耗量呈逐年下降趋势，实心焊丝年消耗量则进入平稳发展阶段，而药芯焊丝无论是在品种、规格还是在用量等各方面仍具有很大的发展空间。

（1）药芯焊丝的分类。

①按照外层结构分类，可分为有缝药芯焊丝和无缝药芯焊丝。有缝药芯焊丝是由冷轧薄钢带卷制而成的，无缝药芯焊丝是由焊接而成的薄钢管制作而成的。无缝药芯焊丝可以采用表面镀铜的工艺，从而使其具有防锈、防潮、易于存放的优点，所以使用无缝药芯焊丝已成为一种发展趋势。

②按照药芯焊丝的内部填充材料分类，可分为造渣型药芯焊丝和金属型药芯焊丝。造渣型药芯焊丝内部的填充材料在焊接操作时可以产生熔渣，覆盖到焊缝表面上，可以更好地对熔池进行保护。金属型药芯焊丝的焊接特性类似于实心焊丝的焊接特性。其优点是熔敷效率更高、抗裂性能更好。金属型药芯焊丝是一种极有发展前途的焊接材料及高技术产品，在焊接材料中所占的比例越来越大，尤其是在钢结构及车辆制造行业，它正逐步取代实心焊丝。

（2）药芯焊丝的横截面形状。

药芯焊丝的横截面形状对焊接的工艺性能有巨大的影响。目前，药芯焊丝的横截面形状已经达 30 余种，常用的横截面形状示意图如图 1-2-14 所示。

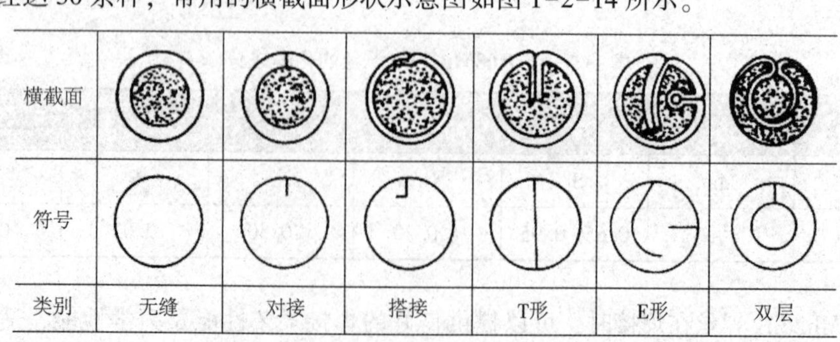

横截面						
符号						
类别	无缝	对接	搭接	T形	E形	双层

图 1-2-14 药芯焊丝横截面形状示意图

①实验结果证明，直径在2.0 mm以下的药芯焊丝多采用简单的O形截面，且以有缝O形为主。这是因为细丝药芯焊丝在焊接过程中，无论采用什么样的横截面形状，焊丝的工艺性能都比较稳定，所以就采用制作工艺最简单的O形截面，以此来节约成本。

②当焊丝直径大于2.0 mm时，采用越复杂的横截面形状的药芯焊丝，电弧越稳定，对焊缝的保护效果越好，熔敷金属含氮量越少。

（3）药芯焊丝的特性。

①焊缝成形好。药芯焊丝在焊接完成后，焊缝表面会形成一层熔渣，能起到保护作用。

②焊接飞溅物小。药芯焊丝内部的药粉作用相当于焊条的药皮作用，其里面有稳弧剂，能有效地稳定电弧；并且药芯焊丝的熔滴过渡形式是喷射过渡，与实心焊丝的短路过渡形式也不同，熔滴过渡更均匀、颗粒更细，能大大减少焊接飞溅物。

③可进行全位置焊接。药芯焊丝工艺性能完全可以满足各个位置的焊接需要。

④熔敷效率高。药芯焊丝的电流密度大，焊丝熔化速度快。

二、焊丝型号与牌号

对于一种焊丝，通常可以用型号和牌号来反映其主要性能特征及类别。焊丝型号是依据国家标准进行划分的，如《熔化极气体保护电弧焊用非合金钢及细晶粒钢实心焊丝》（GB/T 8110—2020）、《非合金钢及细晶粒钢药芯焊丝》（GB/T 10045—2018）。

1. 焊丝型号

焊丝型号由五部分组成。焊丝型号按照熔敷金属力学性能、焊后状态、保护气体类型和焊丝化学成分等进行划分。实心焊丝型号和药芯焊丝型号举例如下。

（1）实心焊丝型号举例。

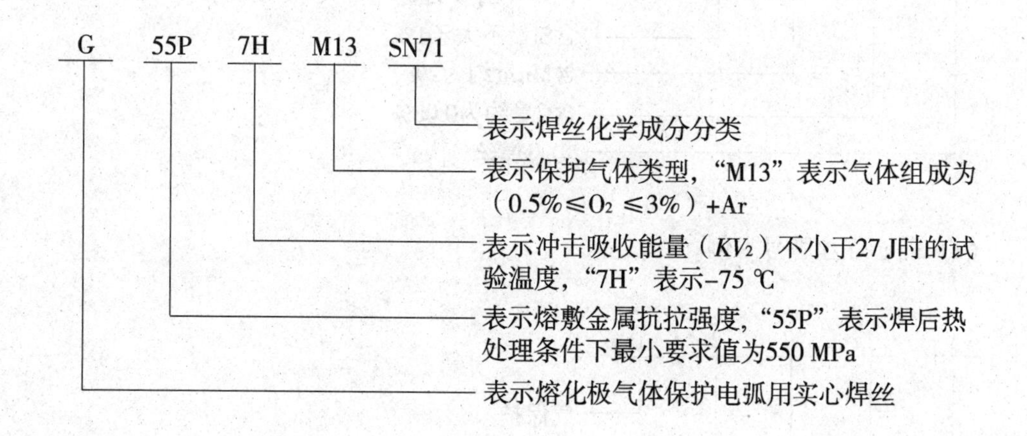

（2）药芯焊丝型号举例。

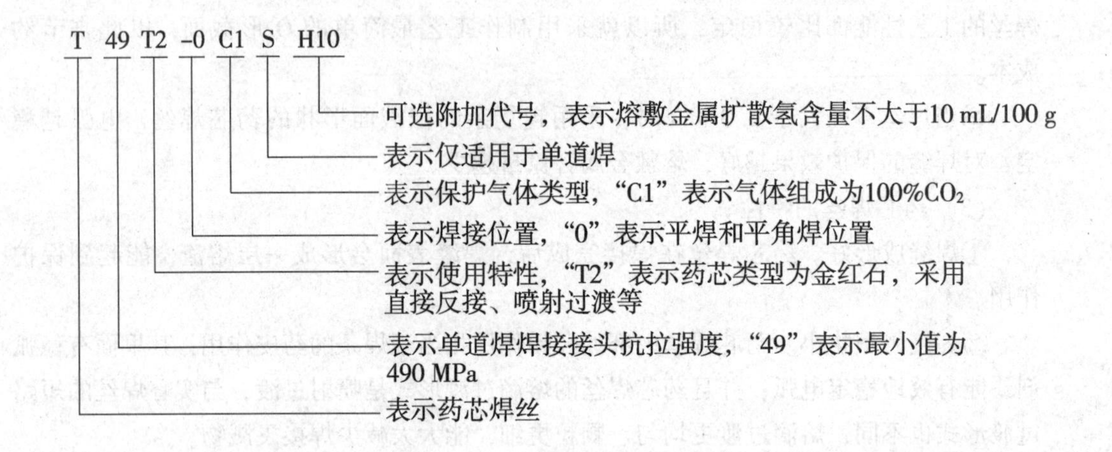

2. 焊丝牌号

焊丝牌号是焊丝产品的具体命名，它可以由生产厂家制定，还可以由行业组织统一命名，制定全国焊材行业的统一牌号。但其必须按照国家标准要求，在产品样本或包装标签上注明该产品是“符合国标”“相当国标”或不加标准（即与国标不符），以便用户结合产品性能要求，对照标准选用。每种焊丝产品只有一种牌号，但多种牌号的焊丝可以同时对应一种型号。

（1）实心焊丝牌号举例。

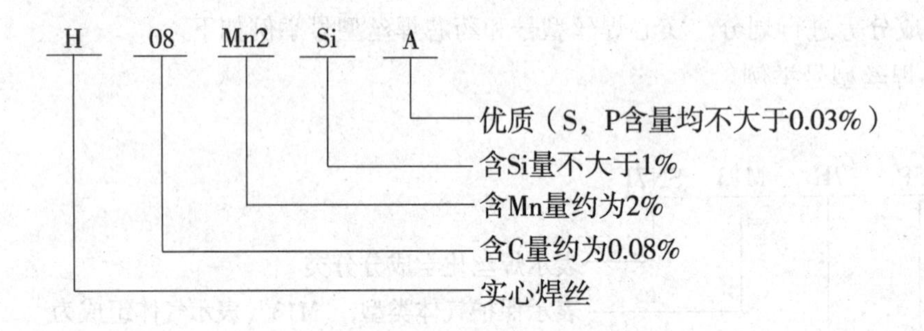

（2）药芯焊丝牌号举例。

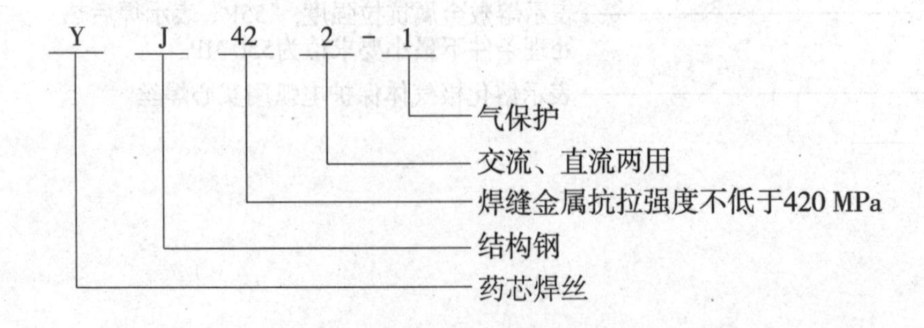

CO_2气体保护焊焊接工艺

本单元主要讲述 CO_2 气体保护焊中经常用到的焊接接头与坡口、焊缝形状尺寸、CO_2 气体保护焊接工艺参数及 CO_2 气体保护焊基本操作技术等内容。

知识一　接头、坡口、焊接位置等基本知识

一、焊接接头及坡口形式

1. 焊接接头

焊接接头指用焊接的方法将两个零件连接到一起的接头。焊接接头包括焊缝区、熔合区、热影响区和母材金属，如图 1-3-1 所示。

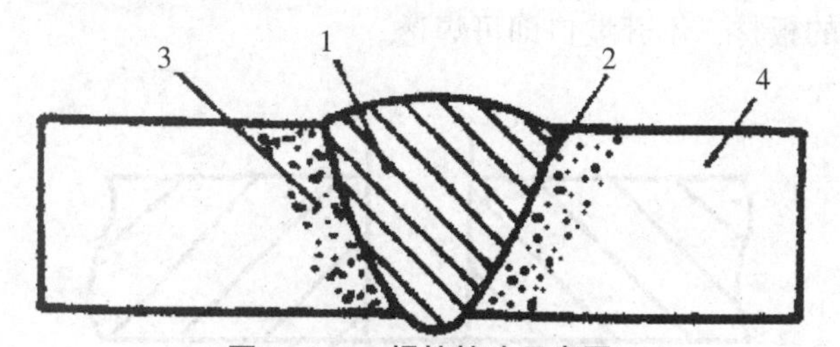

图 1-3-1　焊接接头示意图

1—焊缝区；2—熔合区；3—热影响区；4—母材金属

CO_2 气体保护焊焊接接头

（1）焊缝区。焊接操作完成后得到的最主要的部分。

（2）熔合区（熔化焊）。焊缝和母材中间的过渡区域。

（3）热影响区。在焊接操作过程中，母材未熔化，但受焊缝温度影响，其力学性能发生改变的位置称作热影响区。

（4）母材金属。即被焊金属的统称。

2. 坡口

坡口是指根据设计或工艺需要，在焊件的待焊部位加工并装配成的有一定几何形状的沟槽。开坡口的方法主要有机械加工法、火焰切割法和等离子切割法等。

坡口的几何尺寸包括以下五个方面。

（1）坡口面。即焊件上的坡口表面。

（2）坡口面角度和坡口角度。如果是由两个工件组成的坡口面，其中一个坡口面的角度就是坡口斜面与焊件垂直面的角度，用符号 β 表示；而坡口角度就是两个工件间的夹角，用符号 α 表示。

（3）根部间隙。即焊前在接头根部之间预留的空隙，主要作用是保证将焊件焊透。根部间隙又称装配间隙，用符号 b 表示。

（4）钝边。焊件开坡口时，坡口尾部为尖锐角，焊接过程中如果控制不好，非常容易焊漏，所以要把尖锐角打磨一定量，形成一个小平台。钝边用符号 p 表示，它的作用是防止焊接时根部烧穿。

（5）根部圆角半径。这个参数主要在 J 形、U 形坡口底部中应用，需将坡口底部打磨出圆角。根部圆角的半径用符号 R 表示，其作用是增大坡口根部的空间，以保证焊透根部。

3. 对接接头

两个焊件平行放置，在同一水平面上的接头称作对接接头。该种接头形式在焊接操作中应用最多，具有应力集中小、受力均匀等优点，是比较理想的接头形式，也是焊接结构中首选和采用最广泛的一种接头形式。对接接头被应用于船舶制造、压力容器制造等多个行业。

（1）不开坡口（I 形）对接接头（如图 1-3-2 所示）。根据母材的厚度不同，在使用不开坡口的对接接头焊接时，应调整根部间隙大小，以确保焊缝被焊透。其中，多数厚度不超过 6 mm 的板材，不开坡口即可焊透。

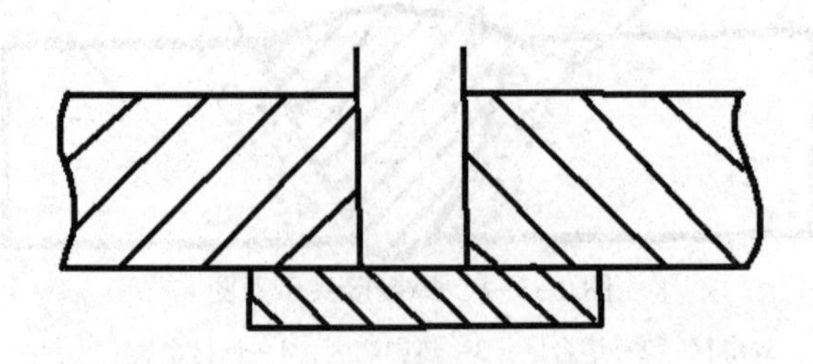

图 1-3-2　不开坡口对接接头示意图

（2）开坡口对接接头（如图 1-3-3 所示）。开坡口的对接焊缝形式十分多样，有 I 形、V 形、U 形、Y 形、X 形、单边 V 形、K 形、单边 U 形等形式，焊接操作前，一定要根据不同的板厚等因素进行选择。

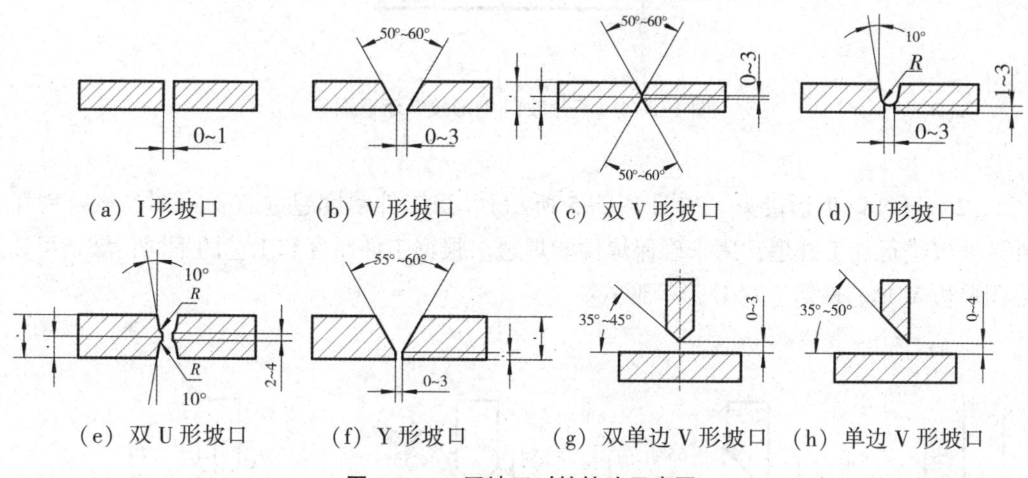

图 1-3-3 开坡口对接接头示意图

其中，V 形坡口是生产中应用最多的对接坡口，它的优点是开坡口方便简单，中厚板都可以使用这种坡口形式，但焊接操作后比较容易产生焊接变形。

根据使用条件要求，对 V 形坡口进行改进，随即出现了 Y 形、X 形坡口。它们针对焊缝熔透的问题予以改进，保证焊缝焊透，而且 X 形坡口焊接变形的概率相对较小。

在进行厚板焊接时，常采用 U 形坡口代替 V 形坡口进行焊接，U 形坡口的面积比 V 形坡口小得多，因此减少了热输入，能够大大减少焊接应力。但 U 形坡口加工相对复杂，通常情况下只有在厚板焊接时才使用。

（3）坡口的加工方法。

坡口的加工方法有多种，要依据加工工件的厚度来决定。生产中常用的加工形式有氧乙炔切割、碳弧气刨、车削、铣削等。如果想要得到质量较好的坡口，则推荐采用机械加工方法来加工坡口，因为应用这种方法加工出来的坡口没有因为额外受热而产生一定的应力。

4. T 形接头

一焊件端面与另一焊件表面构成直角或近似直角的接头称作 T 形接头。该种接头可承受各种方向的力，因此，在焊接结构中被应用得最多。在造船厂里，船体结构中有 70%的焊接接头是 T 形接头。

（1）不开坡口 T 形接头（如图 1-3-4 所示）。对于板厚小于 10 mm 的工件，可直接组对，不开坡口进行焊接，只要进行双面焊接操作的时候，可以保证接头焊透、拥有良好的性能即可。

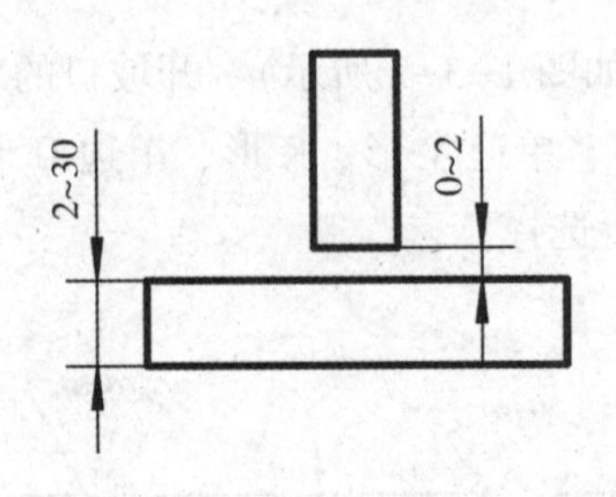

图 1-3-4　不开坡口 T 形接头示意图

（2）开坡口 T 形接头（如图 1-3-5 所示）。当工件厚度超过 10 mm 时，则需对工件开坡口进行加工处理，用来确保焊件能焊透。根据工件厚度和工艺的不同，坡口可以采用单边 V 形、K 形、双 U 形等形式。

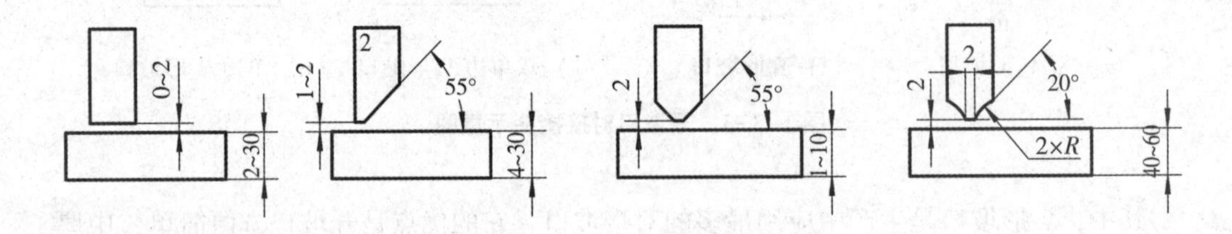

图 1-3-5　开坡口 T 形接头示意图

5. 角接接头

两焊件端面间构成大于 30°、小于或等于 135°夹角的接头称作角接接头。这种接头形式的受力状况一般，非常容易引起应力集中现象，往往用在不太重要的结构之中。角接接头和 T 形接头有很多相似之处，因此坡口形式也大致相同。

（1）不开坡口角接接头（如图 1-3-6 所示）。在工件厚度小于 10 mm 的情况下，依然可以不开坡口焊接。

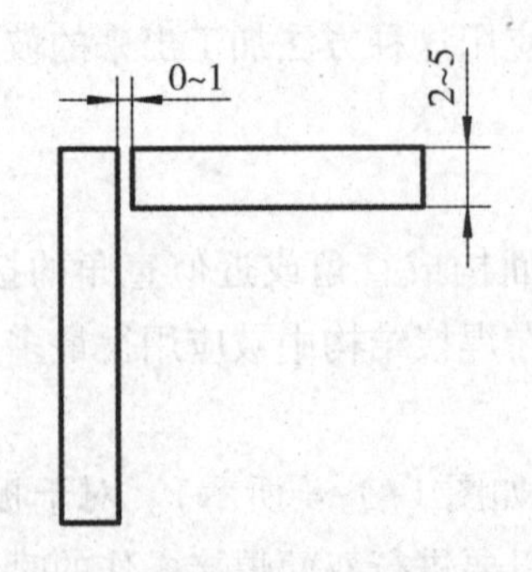

图 1-3-6　不开坡口角接接头示意图

（2）开坡口角接接头（如图 1-3-7 所示）。当工件厚度超过 10 mm 时，坡口可以采用单边 V 形、K 形、T 形等形式。

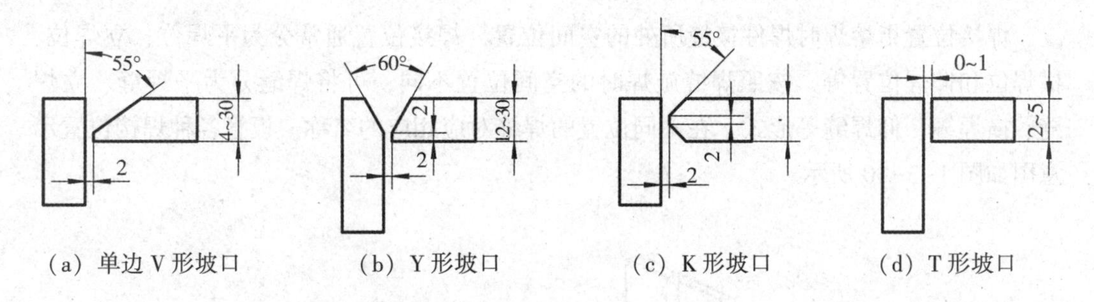

（a）单边 V 形坡口　（b）Y 形坡口　（c）K 形坡口　（d）T 形坡口

图 1-3-7　开坡口角接接头示意图

6. 搭接接头

两焊件部分重叠构成的接头称作搭接接头。搭接位置的长度应为板厚的 2 倍再加 15 mm，但最大不超过 50 mm。例如 6 mm 板搭接，搭接宽度应为 6×2+15＝27（mm）。这种接头形式的缺点非常显著，应力分布非常不均匀，在承受动载荷的结构中不建议采用此种形式；其优点在于装配简单，在不重要的焊接结构中应用非常广泛。

（1）不开坡口搭接接头（如图 1-3-8 所示）采用工件进行搭接接触。

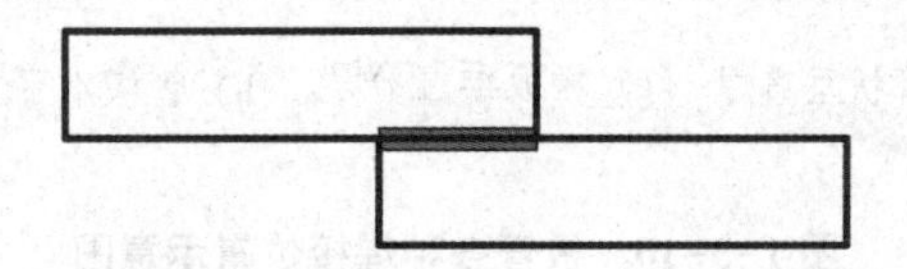

图 1-3-8　不开坡口搭接接头示意图

（2）开坡口搭接接头（如图 1-3-9 所示）采用两种开孔形式进行搭接接触。

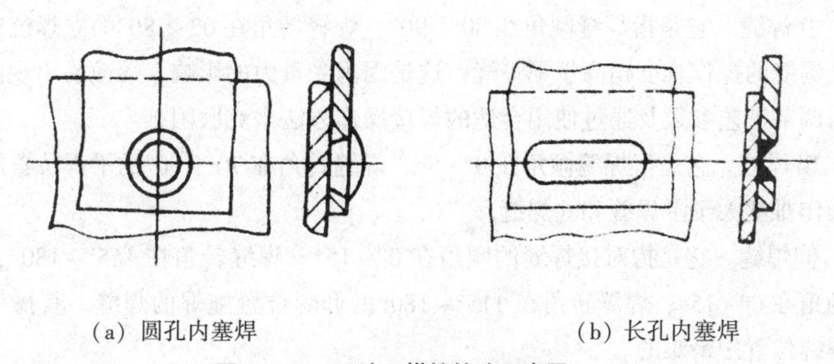

（a）圆孔内塞焊　（b）长孔内塞焊

图 1-3-9　开坡口搭接接头示意图

二、焊缝形式

1. 按照焊缝施焊时的空间位置分类

焊接位置指熔焊时焊件接缝所处的空间位置，焊接位置通常分为平焊位、立焊位、横焊位和仰焊位置等。按照焊缝施焊时的空间位置不同，可将焊缝分为平焊缝、立焊缝、横焊缝、仰焊缝等形式。在不同位置的焊缝对应相应的名称。板管各种焊接位置示意图如图 1-3-10 所示。

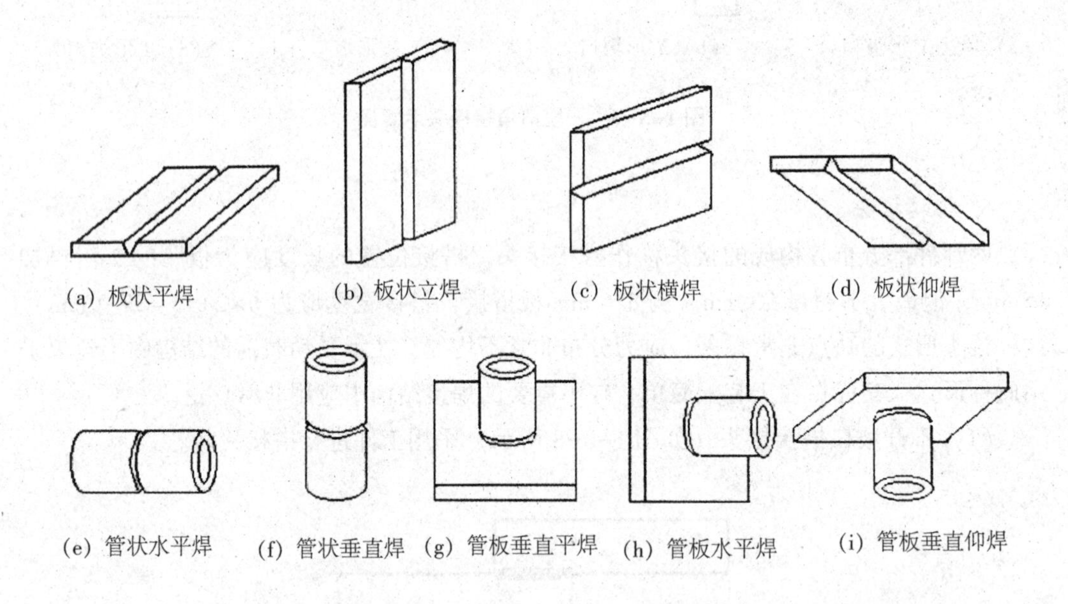

图 1-3-10　板管各种焊接位置示意图

（1）平焊缝。它是指焊缝与水平面倾角在 0°~5°、焊缝转角在 0°~10°的水平位置上方施焊的焊缝。平焊缝操作难度是最小的，在焊接操作中，只要条件允许，都可以采取平焊缝进行焊接操作。其他位置的焊缝可以通过翻转机来改变位置。

（2）立焊缝。它是指焊缝倾角在 80°~90°、焊缝转角在 0°~180°的立焊位置施焊的焊缝。立焊缝的操作难度稍高于平焊缝，这是因为受重力的影响，熔池易出现向下流动现象，需调节工艺参数及通过使用合适的焊接操作方法来克服困难。

（3）横焊缝。它是指焊缝倾角在 0°~5°、焊缝转角在 70°~90°的平焊位置施焊的焊缝。其操作难度大于平焊缝和立焊缝。

（4）仰焊缝。它是指对接焊缝的倾角在 0°~15°、焊缝转角在 165°~180°，角焊缝的焊缝倾角在 0°~15°、焊缝转角在 115°~180°的仰焊位置施焊的焊缝。其操作难度是所列举焊缝位置中最难的。

T 形接头、十字接头和角接接头焊缝处于平焊位置进行的焊接称为船形焊。在工程

上常遇到水平固定管的焊接，由于管子在360°的焊接中，有平焊、立焊、仰焊几种焊接位置，因此称为全位置焊。

2. 按照焊缝接合形式分类

按照焊缝接合形式的不同，可将焊缝分为对接焊缝、角焊缝和塞焊缝，如表1-3-1所列。

表1-3-1　按照焊缝接合形式分类的焊缝形式

焊缝形式	示意图
对接焊缝	
角焊缝	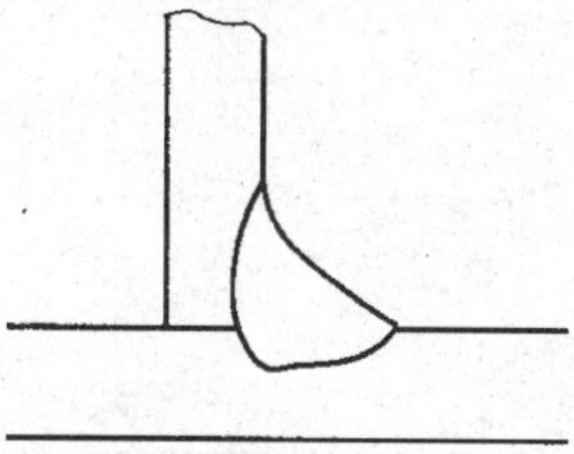
塞焊缝	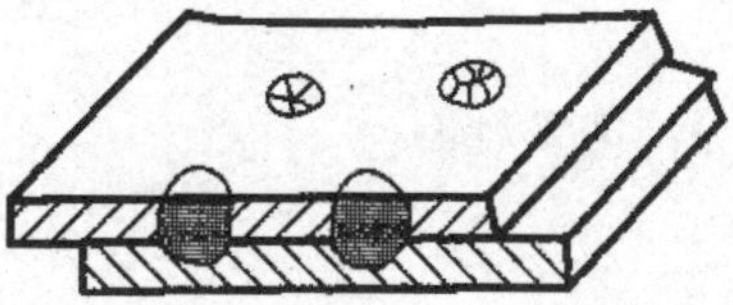

（1）对接焊缝。它是指在焊件的坡口面间或一焊件的坡口面与另一焊件端（表）面间焊接的焊缝。

（2）角焊缝。它是指沿两直交或近直交零件的交线所焊接的焊缝。

（3）塞焊缝。它是指零件相叠，其中一块开圆孔，在圆孔中焊接两板所形成的焊缝。只在孔内焊角焊缝的不是塞焊缝。

3. 按照焊缝断续情况分类

根据规定，定位焊缝应由考核合格的焊接人员进行焊接操作，所用的焊条应与正式施焊的焊条相同。在保证焊件位置相对固定的前提下，定位焊缝的数量应尽量减到最少，但其厚度应不小于根部焊缝的厚度，长度应不小于较厚板材厚度的4倍或不小于50 mm（两者中取其较小者）；定位焊缝不应处于焊缝交叉点，应与交叉点间隔50 mm。焊件一旦要求焊前预热，定位焊缝也要局部预热到规定温度后再进行焊接操作。按照焊缝断续情况分类，将焊缝分为定位焊缝、连续焊缝和断续焊缝，如表1-3-2所列。

（1）定位焊缝。它是指焊前为装配和固定构件接缝的位置而焊接的短焊缝。

（2）连续焊缝。它是指沿接头长度方向连续焊接的焊缝，包括连续对接焊缝和连续角焊缝。

（3）断续焊缝。它是指焊接成具有一定间隔的焊缝。

表 1-3-2　按照焊缝断续情况分类的焊缝形式

焊缝形式	示意图
定位焊	
连续焊缝	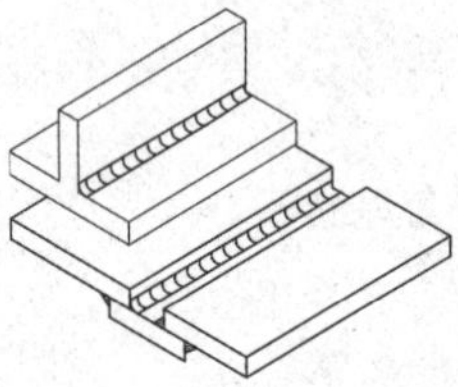
断续焊缝	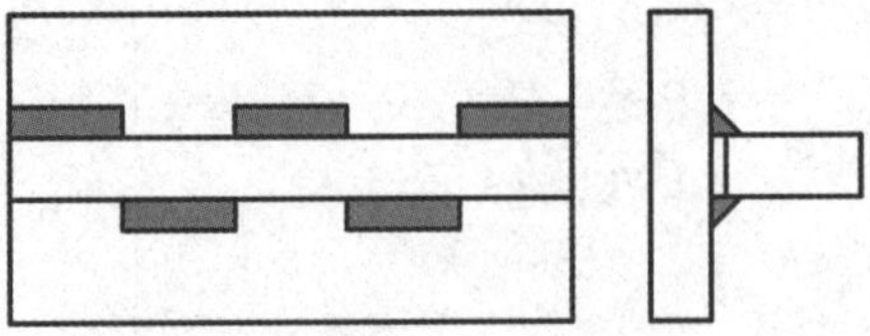

三、焊缝形状尺寸

焊缝的形状大多用几何参数表示，焊缝的形式不同，它的形状参数也不一样。一般的焊缝形状参数有焊缝宽度、焊缝厚度、余高、熔深、焊脚尺寸和熔合比等，各参数的定义、表示符号及相互关系如表 1-3-3 所列。

（1）焊缝宽度。它是指焊缝表面两焊趾（焊缝表面与母材交界处叫焊趾）之间的距离。

（2）焊缝厚度。它是指金属板之间的缝隙，即通过焊条在烧焊冷却收缩后，其金属液体在焊缝间填充的总体高度。

（3）余高。它是指鼓出母材表面的部分或角焊末端连接线以上部分的熔敷金属。

（4）熔深。它是指母材熔化部的最深位与母材表面之间的距离。

（5）焊脚尺寸。它是指焊缝根角至焊缝外边的尺寸。平角焊时，焊脚尺寸决定焊接层次和焊道数。一般情况下，当焊脚尺寸在 8 mm 以下时，应多采用单层焊；当焊脚尺寸

在 8~10 mm 时，应采用多层焊；当焊脚尺寸大于 10 mm 时，则应采用多层多道焊。

（6）熔合比。它是指熔焊时，被熔化的母材在焊道金属中所占的百分比。

表 1-3-3　焊缝形状参数的定义、表示符号及相互关系

形状参数	示意图
焊缝宽度	焊缝宽度
焊缝厚度	凸度 焊缝宽度 焊脚 焊脚尺寸 焊脚 焊脚尺寸 焊缝厚度
余高	余高 背面
熔深	熔深 熔深 熔深
焊脚尺寸	焊脚 焊缝宽度 焊脚尺寸 凹度 焊缝厚度
熔合比	B H B H

知识二　焊接工艺参数

CO_2 气体保护焊焊接工艺

焊接工艺参数是指焊接操作时，为保证焊接质量而制定的各个物理量的总称。CO_2 气体保护焊的工艺参数主要包括焊丝直径、焊接电流、电弧电压、焊接速度、干伸长度、电源极性、气体流量焊枪倾角、喷嘴高度及回路电感等。焊接工艺参数选择正确与否，将会直接影响焊缝形状、尺寸、焊接质量和生产效率，所以选择合适的焊接工艺参数是焊接操作中不可忽视的一个重要问题。

一、焊丝直径

焊件的厚度、焊接操作的工作效率及焊接的位置都会影响到焊丝直径的选择，一般认为，焊丝直径越大，使用的电流越大，可以焊接的母材越厚，生产效率就会越高。生产中常用的焊丝直径有 1.0，1.2，1.6 mm 等，一般不超过 1.6 mm。大于 1.2 mm 的焊丝称为粗丝焊丝，在焊接操作时许用电流较大、效率较高，但它的飞溅物很大，工艺性稍差。焊丝直径的选择如表 1-3-4 所列。

表 1-3-4　焊丝直径的选择

焊丝直径/mm	焊接位置	焊件厚度/mm	熔滴过渡形式
0.8	全位置焊接	1~2	短路过渡
1.0	全位置焊接	1.2~5.0	短路过渡
1.2	全位置焊接	2~10	短路过渡、细颗粒过渡
1.6	全位置焊接	6~20	细颗粒过渡
2.0	平焊、横焊	6~26	细颗粒过渡

焊丝直径对焊缝熔深有十分重要的影响，如图 1-3-11所示。当电流、电压相同时，焊丝直径的增加，将使焊缝熔深减小；反之，焊丝直径的减小，将使焊缝熔深增大。熔深将随着焊丝直径的减小而增加。焊丝直径和焊丝的熔化速度成反比，即当焊接电流和电压相同时，焊丝越细，则单位面积流经的电流密度越大，熔敷速度越高。因此，应根据不同的母材厚度和焊接工艺来选择相匹配的焊丝。

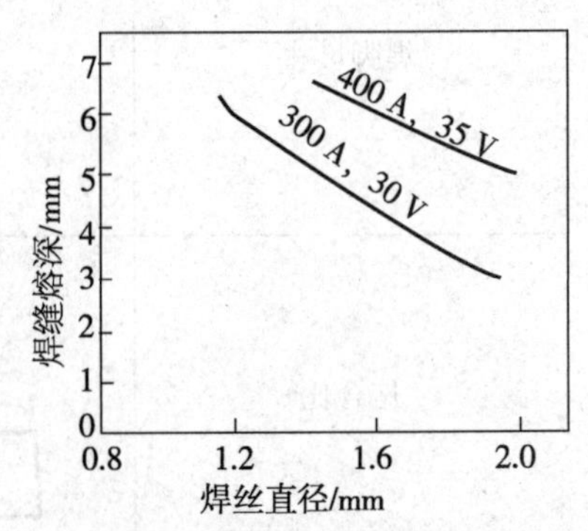

图 1-3-11　焊丝直径对熔深的影响（焊接电流的大小）

二、焊接电流

焊接电流是重要的焊接参数之一。影响焊接电流选取的因素非常多，如焊丝直径、母材板厚、母材材质、焊接位置、焊丝材质、熔滴过渡形式和电源外特性等。这些因素对焊接电流的影响表现如下。

1. 焊丝直径对焊接电流的影响

焊丝直径越大，许用的焊接电流越大，可进行焊接操作的母材越厚，具体关系如表 1-3-5 所列。

表 1-3-5　焊丝直径、焊接电流与焊件厚度

焊丝直径/mm	焊接电流/A	焊件厚度/mm
0.8	60~140	1~2
1.0	80~160	1.2~5.0
1.2	120~220	2~10
1.6	160~250	6~20
2.0	>250	6~26

2. 母材厚度对焊接电流的影响

在焊缝间隙、焊接位置等条件一致的情况下，母材越厚，为了确保焊接焊透，则需要越大的焊接电流。

3. 母材材质对焊接电流的影响

不同母材许用的焊接电流并不相同，生产中应用最广泛的母材（如碳钢、不锈钢、耐热钢等）都需要采用不同的焊接电流进行焊接操作。例如，低碳钢的许用电流比不锈钢的许用电流稍大。

4. 焊接位置对焊接电流的影响

焊接位置一般分为平焊位、立焊位、横焊位、仰焊位等，不同的焊接位置所采用的焊接电流都不相同。

在其他条件不变的情况下，四种焊接位置中，平焊位的许用电流最大，仰焊位的许用电流最小，立焊位和横焊位的许用电流相对居中。

5. 焊丝材质对焊接电流的影响

焊丝材质对焊接电流的影响类似于焊接母材对焊接电流的影响，焊丝的选择需要与母材的材质相匹配。以不锈钢为例，它的许用电流就略小于碳钢焊丝的许用电流。

6. 熔滴过渡形式对焊接电流的影响

焊接操作要选择合适的焊接电流范围，只有在这个范围内，焊接过程才能稳定进行。一般情况下，直径为 0.8~1.6 mm 的焊丝，短路过渡的焊接电流为 40~230 A，细颗粒过渡的焊接电流为 250~500 A。

7. 电源外特性

当电源的外特性不变时，改变送丝速度，其电弧电压几乎不变，而焊接电流发生变化。送丝速度越来越快，焊接电流则会越大。在相同的送丝速度下，随着焊丝直径的不断增加，焊接电流也不断增加。焊接电流的变化对熔池的深度有非常大的影响。随着焊接电流的增大，熔深快速增加，熔宽则稍有增加，如图 1-3-12 所示。

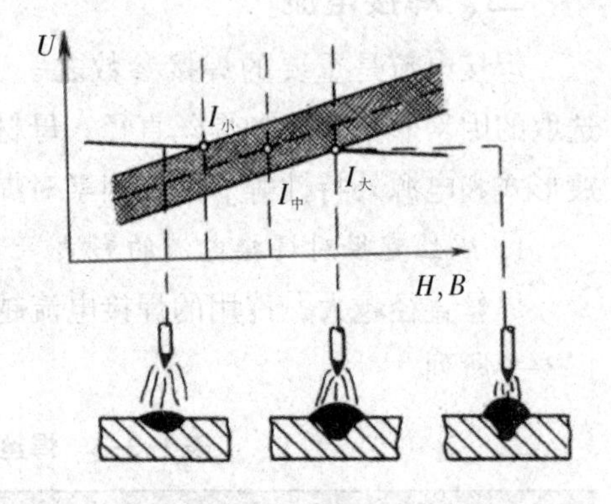

图 1-3-12　焊接电流对焊缝成形的影响

焊接电流在焊接操作中最直接的表现形式就是能否把母材焊透，即焊接电流直接影响熔敷速度及熔深。焊接电流对熔敷速度及熔深的影响如图 1-3-13 和图 1-3-14 所示。

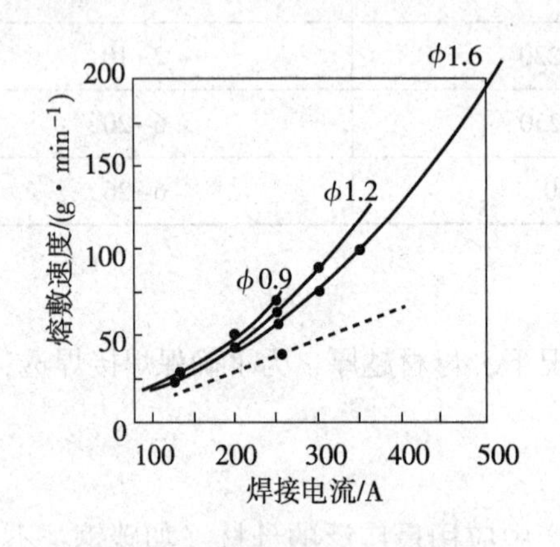

图 1-3-13　焊接电流对熔敷速度的影响

——表示 CO_2 气体保护焊的熔敷速度

-·-·- 表示焊条电弧焊的熔敷速度

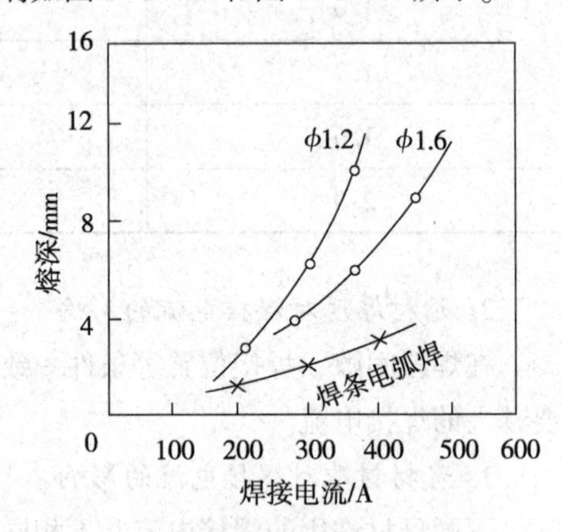

图 1-3-14　焊接电流对熔深的影响

仔细观察图 1-3-13 和图 1-3-14 可以发现，熔敷速度和熔深的不断增加，都与焊接电流的增加密切相关。需要注意的是，并不是焊接电流越大就越好。过大的焊接电流会引起焊缝烧穿、焊漏和产生裂纹等缺陷，这是焊接操作过程中必须禁止的焊接缺陷；并且电流过大还会使焊件变形的数量增加，内部应力集中，焊接过程中飞溅物随之增大。

同时需要注意的是，焊接电流过小时，又非常容易产生未焊透、未熔合和夹渣等缺陷及焊缝成形不良的现象。一般情况下，在保证焊透、成形良好的条件下，一定要尽可能采用大电流，以提高生产效率。

三、电弧电压

电弧电压是重要的焊接参数之一。在焊接电流不变时，调节电源外特性，弧长将发

生变化。电压增大，则弧长变长；反之则变短。因此电弧电压变化导致弧长变化，从而影响了焊缝成形，其影响如图 1-3-15 所示。

从图 1-3-15 中可知，在其他焊接条件不变的情况下，随着电弧电压增大，焊缝熔宽就会增大；电弧电压减小，焊缝熔宽就会减小。

在 CO_2 气体保护焊焊接操作中，电弧电压必须与焊接电流相匹配，才能保证获得良好的焊缝成形。一般情况下，小焊接电流配合低焊接电压，大焊接电流配合高电弧电压。

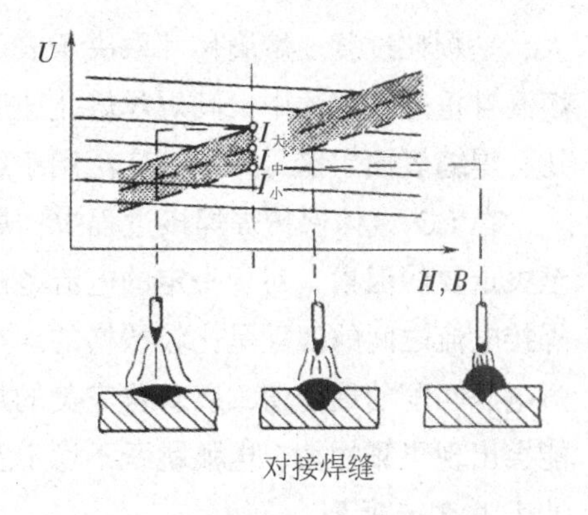

图 1-3-15　电弧电压对焊缝成形的影响

焊接过渡形式与焊接电弧电压有直接关系。

1. 短路过渡

短路过渡属于接触过渡的一种，是指熔滴经电弧空间自由飞行、焊丝端头和熔池之间不发生直接接触的过渡形式。这种形式的焊接电弧很短，熔滴尚未变大就与熔池接触，形成短路。电弧瞬间熄灭，短路电流产生较大的电磁收缩力及表面张力，使熔滴快速地过渡到熔池中，电弧又重新点燃，如此不断地重复循环，就形成了短路过渡的全部过程。短路过渡的电弧稳定、飞溅物小。在焊接打底焊缝或空间焊缝时，一般会采用短路过渡方式。在立焊和仰焊时，电弧电压应略低于平焊位置，以保证短路过渡稳定。短路过渡时，熔滴在短路状态一滴一滴地过渡，熔池较黏，短路频率每秒可达几十次到几百次 。

在短路过渡方式下，焊接电流与电弧电压的关系如图 1-3-16 所示（焊丝直径为 mm）。通常电弧电压为 17~24 V。

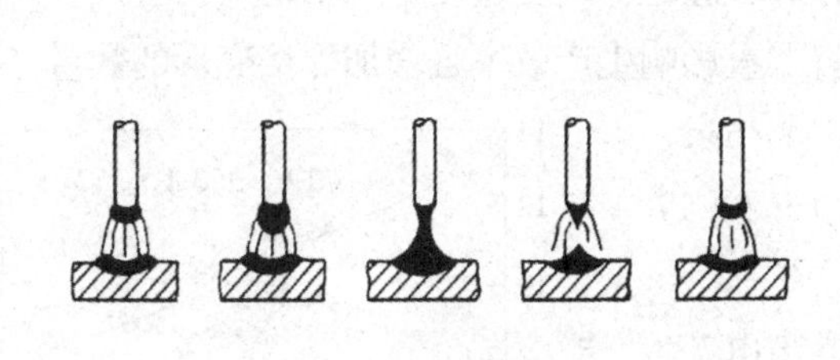

（a）示意图

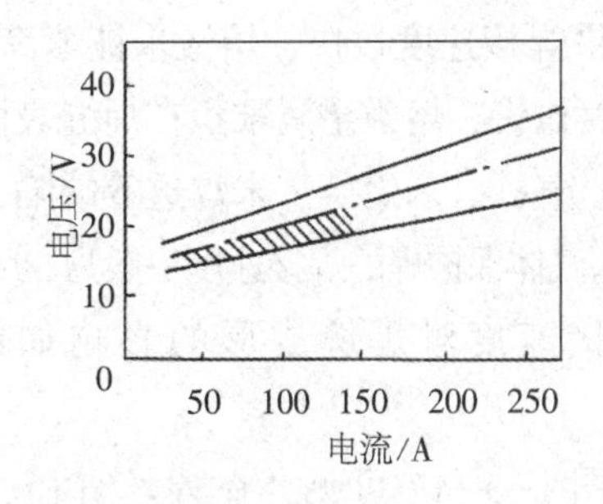

（b）焊接电流与电弧电压关系图

图 1-3-16　短路过渡时焊接电流与电弧电压的关系

由图 1-3-16 可见，随着焊接电流的增大，电弧电压也随之增大。电弧电压过高或过低对电弧的稳定性、焊缝成形及飞溅物、气孔的产生都有不利的影响。

2. 颗粒状过渡

在颗粒状过渡的焊接电流和电弧电压比短路过渡的高时，其熔滴直径比焊条直径大，呈颗粒过渡。熔滴尺寸取决于表面张力和熔滴重力的大小。这种过渡形式主要借助熔滴自重落入熔池中。其焊丝熔化速度较慢、熔深浅，焊接过程不稳定，容易产生飞溅物，焊缝表面粗糙，因此被广泛用于细丝焊接。

在 CO_2 气体保护焊焊接过程中，焊接电流与电弧电压之间的匹配是影响焊缝成形的至关重要的因素。对于一定的电流范围，通常都会有一个最佳电压值，所以电弧电压与焊接电流之间的匹配是比较严格的。在焊接操作过程中，要准确调节适合焊接电流与电弧电压匹配的最佳值，以获得完美的焊缝成形。如果电流和电压不匹配，焊接过程中可能会出现飞溅物大、电弧跳跃不稳定及熄弧等问题。焊接电流与电弧电压匹配的最佳值如表 1-3-6 所列。

表 1-3-6 CO_2 焊接时不同焊接电流的电弧电压匹配值

焊接电流/A	电弧电压/V
80~100	15~17
100~140	17~19
140~180	19~20
180~220	20~22

四、焊接速度

焊接速度对焊缝成形的影响巨大，对焊接人员操作水平的要求也非常高。焊接时，电弧将熔化的金属吹开，在电弧吹力下形成一个凹坑，随后将熔化的焊丝金属填充进去。如果焊接速度过快，熔池未被填满，非常容易产生咬边、未熔合等缺陷；反之，若焊接速度过慢，熔敷金属堆积在焊缝表面，焊缝隆起，速度越慢，堆积越高，会产生焊道不均匀、气孔、未熔合、未焊透等缺陷，将严重影响生产效率且增加焊接变形的数量。

CO_2 气体保护焊的焊接速度一般为 30~60 cm/min。

焊接速度对焊缝成形的影响如图 1-3-17 所示。

由图 1-3-17 可见，在焊丝直径、焊接电流、电弧电压不变的条件下，焊接速度增加时，熔宽与熔深都减小。如果焊接速度过高，除产生咬边、未熔合等缺陷外，由于保护效果减弱，还可能会出现气孔；若焊接速度过低，除生产效率降低外，焊接变形的数量将会增加。一般在进行半自动焊接操作时，焊接速度为 5~60 m/h。

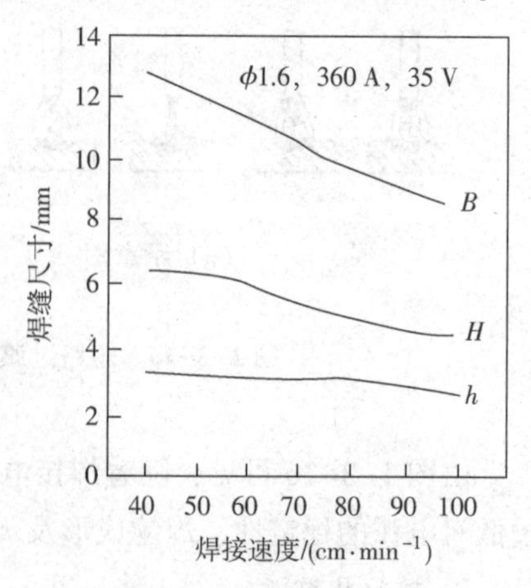

图 1-3-17 焊接速度对焊缝成形的影响

B—熔宽；*h*—余高；*H*—熔深

五、干伸长度

干伸长度是指焊丝伸出焊枪的长度。只有焊接人员确保干伸长度不变，才能保证焊接电弧稳定。CO_2气体保护焊的焊丝直径相对于焊条电弧焊的焊条直径来说，都比较细。一般情况下，最粗的焊丝直径为 2.0 mm，而焊条常用的最细直径为 2.5 mm，所以 CO_2气体保护焊采用的电流密度大。而其干伸长度越长，焊丝的预热作用越强；反之亦然。

预热作用的强弱还将影响焊接参数和焊接质量。当送丝速度不变时，若焊丝的伸出长度增加，因预热作用强、焊丝熔化快、电弧电压高，则焊接电流减小、熔滴与熔池温度降低，将造成热量不够的现象，容易引起未焊透、未熔合等缺陷；相反，则会在进行全位置焊时，可能产生熔池铁液的流失现象。

焊丝的电阻、焊接电流和焊丝直径决定了预热作用的大小。允许使用的焊丝干伸长度与焊丝直径、焊丝材质息息相关，可按照表 1-3-7 进行选择。

表 1-3-7　焊丝干伸长度的允许值　　单位：mm

焊丝直径	H10Mn2	H06Cr19Ni10Ti
0.8	6~10	5~9
1.0	6~12	5~10
1.2	7~15	7~12
1.6	10~20	8~16

当干伸长度过短时，则焊接电流增大，喷嘴与工件的距离缩短，焊接的视线不清楚，非常容易造成焊道成形不良，并且使得喷嘴过热，以至于飞溅物粘住或堵塞喷嘴，因而影响气体流通；当干伸长度过长时，焊丝的电阻值增大，焊丝因为过热而成段地熔化，结果使焊接过程不稳定，金属飞溅物增多，焊缝成形及气体对熔池的保护也不好。电阻对焊丝的预热作用强，电弧功率小、熔深浅、飞溅物多。电弧位置变化较大，保护效果减弱，会使焊缝成形不好，非常容易产生焊接缺陷。焊丝干伸长度对焊缝成形的影响如图 1-3-18 所示。由于 CO_2气体保护焊焊接时选用焊丝较细，焊接电流流经此段所产生的电阻热对焊接过程有很大影响。焊接操作经验表明，合适的干伸长度应为焊丝直径的 10 倍左右，一般为 5~15 mm。

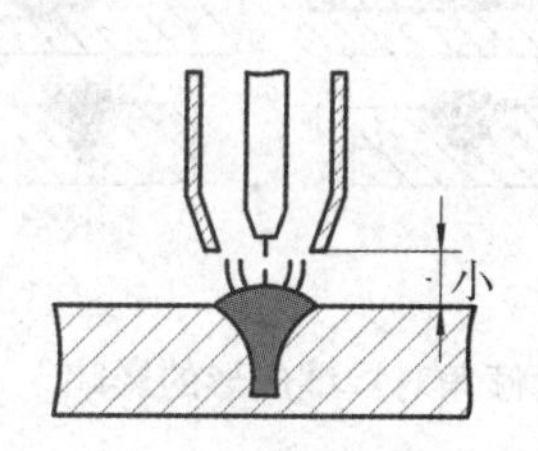

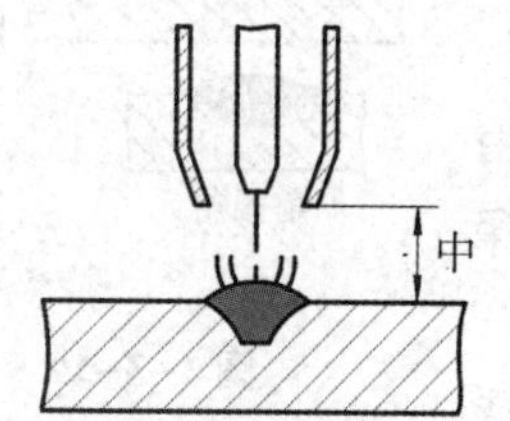

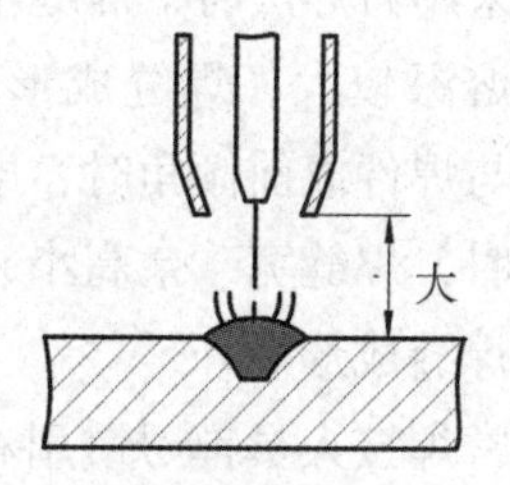

图 1-3-18　焊丝干伸长度对焊缝成形的影响

六、电源极性

电源极性非常重要，不同的焊接方法采用的焊接电源极性也各有不同。CO_2气体保护焊一般情况下都采用直流反接，即焊件接阴极、焊丝接阳极。采用这种接法的焊接操作过程稳定、熔深大、飞溅物小。由于阴极发射电子，热量要比阳极大，直流反接时，母材接阴极，热量大、熔化系数大、熔深大，约为直流正接熔深的1.5倍。

在相同的电流下直流正接（即焊件接阳极、焊丝接阴极）的焊丝熔化速度快、熔深浅、余高大、稀释率较小，但飞溅物相对大。由于此时焊丝接阴极，发热量大、焊丝熔化相对快，易于熔化覆盖在焊缝表面。根据这些特点，采取直流正接方法的焊接主要用于堆焊、铸铁补焊及大电流高速CO_2气体保护焊。

七、气体流量

CO_2气体作为保护气体参与整个焊接过程中，所以CO_2气体的流量调整对整个焊接过程的保护起着非常重要的作用。因此，应该依据对焊接区的保护效果，来选择接头形式、焊接电流、电弧电压、焊接速度及焊件条件，这些因素对流量都有影响，流量过大或过小都对气体保护效果有影响。

进行细丝小规范焊接时，气体流量通常为5~15 L/min；中等规范焊接时，气体流量通常为20 L/min；粗丝大规范焊接时，气体流量通常为20~25 L/min。使用较大的焊接电流，就需要配合较大的气体流量，以保证焊接保护气流的挺度，增加其抗干扰能力。但并不是流量越大保护效果越好，气体流量过大时，由于保护气流的紊流度增大，反而会把外界空气卷入焊接区，易产生气孔等缺陷。

八、焊枪倾角

焊枪倾角对焊缝的成形有非常重要的影响，因此也是不容忽视的因素。当焊枪与母材平面角度大于80°时，不论是向前倾斜还是向后倾斜，焊枪的倾角对焊接过程及焊缝成形都没有明显的影响；但倾角过小时，焊接热量将扩散，导致熔宽增加并减小熔深，还会增加飞溅物。

焊枪倾角对焊缝成形的影响如图1-3-19所示。由图1-3-19可以看出，当焊枪与焊件成后倾角时，即采用右焊法时，焊缝窄、余高大、熔深较大，焊缝成形不好；当焊枪与焊件成前倾角时，即采用左焊法时，焊缝宽、余高小、熔深较浅，焊缝成形好。

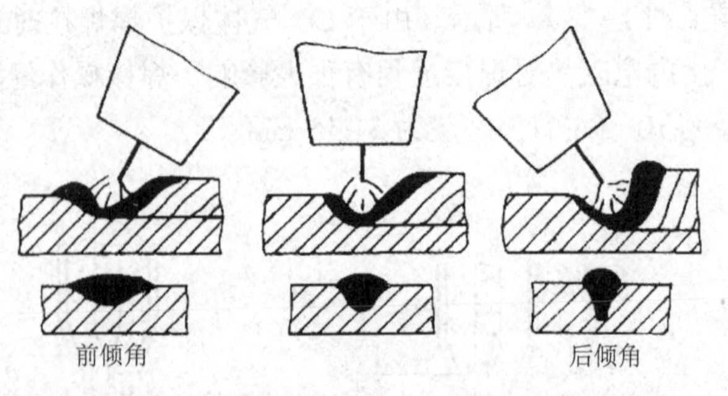

图1-3-19　焊枪倾角对焊缝成形的影响

通常焊接人员都习惯用右手持焊枪，采用左焊法焊接，焊枪采用前倾角，这样不仅可以得到较好的焊缝成形，而且能

够清楚地观察和控制熔池。因此在进行 CO_2气体保护焊时，通常采用左焊法焊接。同时，采用左焊法也利于焊接人员更好地观察焊缝成形，随时根据实际情况调整焊枪角度。

知识三　CO_2 气体保护焊基本操作技术

一、熔滴过渡

熔滴过渡是指在电弧热作用下，焊丝或焊条端部的熔化金属形成熔滴，受到各种力的作用，从焊丝端部脱离并过渡到熔池的全过程。在 CO_2气体保护焊过程中，熔滴过渡形式直接影响电弧燃烧的稳定性和焊缝成形的好坏。此外，熔滴过渡对焊接工艺和冶金特点也有很大的影响。

1. 熔滴上的作用力

熔滴上的作用力主要表现为以下六种。

（1）表面张力。它是指在熔滴过渡过程中阻碍熔滴进入焊缝的力。

（2）重力。它是指使熔滴脱离焊丝、进入焊缝的力。

（3）电磁力。由于电磁力产生的位置不同，对熔滴的作用力方向也不尽相同。在焊丝与熔滴连接的缩颈处，电磁力是促进熔滴过渡的力。

（4）等离子流力。在电弧中，由于电弧推力引起高温气流的运动所形成的力称等离子流力。

（5）斑点压力。它是指带电粒子作用在电极（阴极、阳极）斑点上的撞击力，分别有阴极斑点压力与阳极斑点压力。

（6）爆破力。它是指使熔滴爆炸过渡的力。

2. 熔滴过渡形式

熔滴过渡现象十分复杂，CO_2 气体保护焊熔滴过渡大致可分为三种形式。

（1）滴状过渡。

滴状过渡属于一种自由过渡形式。当焊接电流小时，电磁力、斑点压力阻碍熔滴进入熔池，随着焊丝的不断熔化，熔滴不断长大，因重力而脱离焊丝、进入焊缝的过程称作滴状过渡。滴状过渡类别与焊接方法如表 1-3-8 所列。

表 1-3-8　滴状过渡类别与焊接方法

滴状过渡类别	焊接方法
大颗粒过渡	高电压小电流 MIG 焊
小颗粒过渡	高电压小电流 CO_2 气体保护焊

①大颗粒过渡。当电弧电压较高，弧长较长，但焊接电流较小时，焊丝端部形成的熔滴不仅左右摆动，而且上下跳动，最后落入熔池中，这种过渡形式称大颗粒过渡。大颗粒过渡时，飞溅物较多，焊缝成形不好，焊接过程很不稳定，没有应用价值。

②小颗粒过渡。对于直径为 1.6 mm 的焊丝，当焊接电流超过 400 A 时，熔滴较细，过渡频率较高，称为小颗粒过渡。此时焊接飞溅物少、焊接过程稳定、焊缝成形良好、焊丝熔化效率高。这种过渡适用于焊接中厚板。

（2）短路过渡。

当焊接电流很小、电弧电压很低时，由于弧长小于熔滴自由成形的直径，焊接时将不断发生短路，此时电弧稳定、飞溅物小、焊缝成形好，这种过渡形式称作短路过渡。它被广泛应用于薄板和空间位置的焊接。

（3）喷射过渡。

对于直径为 1.6 mm 的焊丝，当焊接电流超过 700 A 时，发生喷射过渡。很小的熔滴似水流从焊丝端部脱落，如射流状冲向熔池，使熔池翻浆，导致焊缝成形差，因此，CO_2气体保护焊不采用这种过渡形式。喷射过渡类别与焊接方法如表 1-3-9 所列。

表 1-3-9　喷射过渡类别与焊接方法

喷射过渡类别	焊接方法
射滴过渡	铝 MIG
射流过渡	钢 MIG

①射滴过渡。熔滴直径接近于焊丝直径，脱离焊丝沿其轴向过渡，加速度大于重力加速度。钢焊丝脉冲焊及铝合金熔化极氩弧焊一般是这种过渡形式。

②射流过渡。它是指在熔化极氩弧焊中，随着电流的加大，电弧呈圆锥形，有利于形成等离子流，使焊丝形成“铅笔尖”状，以此形成射流过渡。这种过渡形式的特点是电弧稳定、轮廓清晰、焊缝成形美观。

二、CO_2气体保护焊基本操作

CO_2气体保护焊属于半自动焊接，焊接的质量是由焊接过程的稳定性决定的。焊接的稳定性不仅包括焊接设备的稳定性，还有焊接参数的匹配及焊接人员的焊接水平。焊

接人员在操作前只有熟练掌握CO_2气体保护焊的基本操作技术，才能根据不同的实际情况，灵活地运用这些技能，从而获得满意的焊接效果。

1. 焊机系统的调节

相对于焊条电弧焊，CO_2气体保护焊的设备较为复杂，包括焊机、送丝机构及送气系统。

开始焊接前，焊接人员需要依次打开电源，开启气体，调节气体流量，调节焊接电流、电压等参数。其中要注意的是，电流和电压的调节通常为远控调节，即在送丝机上调节。初学者如果不知如何匹配焊接电流及电压，也可以使用一元化焊接调节方法，焊机将自动根据电流来匹配电压。

2. 焊枪的握持姿势

CO_2气体保护焊的焊枪由多个部分组成，包括枪头、送气软管、送丝软管等，所以其重量比焊条电弧焊的焊钳重，焊接操作时比较吃力。为了长时间坚持生产，每名焊接人员都应根据焊接位置，选择正确的持枪姿势，使自已既不感到吃力，又能长时间、稳定地进行焊接。其中最为重要的是，一定要找好重心，使整个焊接过程稳定。

正确的持枪姿势应满足以下条件。

（1）操作时，用身体某个部位承担焊枪的重量，使手臂处于自然状态，手腕能灵活带动焊枪平移或转动，不感到太累。

（2）焊接过程中，软管电缆的最小曲率半径为300 ram，焊接时可随意拖动焊枪。

（3）焊接过程中，能维持焊枪倾角不变，且可以清楚方便地观察熔池。

（4）将送丝机放在合适的位置，保证焊枪能在需要的焊接范围内自由移动。

图1-3-20所示为焊接不同位置焊缝时正确的持枪姿势示意图。

（a）蹲位平焊

（b）坐位平焊

（c）立位平焊

（d）站位平焊

（e）立位平焊

图1-3-20 正确的持枪姿势示意图

3. 保持焊枪与焊件合适的相对位置

在CO_2气体保护焊焊接过程中，焊枪与焊件的距离应保持不变，高度应适中。如果焊枪离工件过近，则容易使保护嘴触碰工件表面，损坏焊枪；如果焊枪距离工件过远，又不能保证电弧稳定及气体保护效果。并且在焊接时，一定要保证眼睛能够不受阻挡地持续观察焊缝，焊接人员既能方便地观察熔池、控制焊缝形状，又能可靠地保护熔池，以防止出现缺陷。焊枪与焊件合适的相对位置因焊缝的空间位置和接头的形式不同而不同。

一般来说，焊接时为了得到成形较好的焊缝，经常采用左焊法进行焊接，这样得到的焊缝熔深、熔宽及成形都很好。

4. 保持焊枪匀速向前移动

在整个焊接过程中，应当保持焊枪匀速前移，这样焊缝成形才能完美。但当焊件装配出现一定差异时，焊接人员也需要根据实际观察到的情况进行临时调整，如焊缝间隙过大的位置，就需要加速前进，以防止焊漏。通常焊接人员可根据焊接电流的大小、熔池的形状、焊件熔合情况、装配间隙、钝边大小等情况，调整焊枪前移速度，力争匀速前进。

5. 横向摆动

CO_2气体保护焊焊接人员除了要保证匀速地向焊缝方向前进外，还需像焊条电弧焊一样进行横向摆动，以获得想要的焊缝宽度。CO_2气体保护焊焊枪摆动方式有很多种，需根据不同的焊接位置或焊接母材来选择。焊枪的摆动形式及应用范围如表 1-3-10 所列。

表 1-3-10　焊枪的摆动形式及应用范围

摆动形式	应用范围
直拉	薄板焊接及坡口打底焊
斜锯齿	坡口填充
画圆	角焊缝或横焊盖面
往复	薄板焊接及横焊打底
月牙	立焊或仰焊盖面

当焊接 6 mm 以下的薄板时，一般采用直拉焊接即可焊透；但当焊接 6~26 mm 的中厚板时，为了焊透，必须进行开坡口；为了填满坡口，尤其在盖面层，必须进行一定的摆动，这就是用多层多道焊来焊接厚板的方法。当坡口小时（如焊接打底焊缝时），可采用锯齿形较小的横向摆动，如图 1-3-21 所示。当坡口大时，可采用弯月形的横向摆动，如图1-3-22 所示。

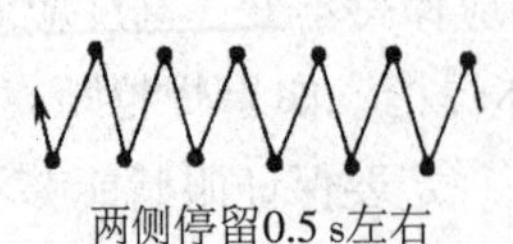

图 1-3-21　锯齿形横向摆动

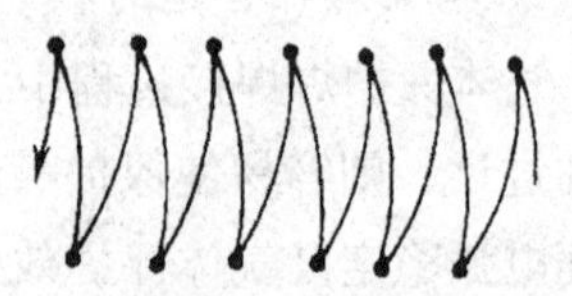

图 1-3-22　弯月形横向摆动

6. 焊接

引燃电弧后，通常都采用左焊法焊接。在焊接过程中，焊接人员的主要任务是保持合适的倾角和喷嘴高度，沿焊接方向尽可能地均匀移动，当坡口较宽时，为保证两侧熔合好，焊枪还要做横向摆动。

实际操作时，焊接人员必须能够根据焊接过程判断焊接参数是否合适。像焊条电弧焊一样，焊接人员主要靠在焊接过程中看到的熔池情况、电弧稳定性、飞溅物大小及焊缝成形的好坏来选择焊接参数。

7. 收弧

焊接结束前必须收弧，若收弧不当，容易产生弧坑，并出现弧坑裂纹、气孔等缺陷。操作时可以采取以下措施。

（1）调整好 CO_2气体保护焊机的收弧程序，设置电流衰减及延时送气模式。即在松开焊枪开关后，焊机焊枪不要立即离开焊缝，电流也不应立即消失，而是慢慢衰减。同时，保护气体继续从喷嘴喷出 3 s 左右，既保护焊缝不被空气侵入，又起到冷却焊缝的作用。

（2）若 CO_2气体保护焊机无法设置收弧程序，则需焊接人员手动恢复填满焊缝。具体操作如下：在收弧处焊枪停止前进，并在熔池未凝固时，反复断弧、引弧几次，直至弧坑填满为止。操作时动作要快，若熔池已凝固才引弧，则可能产生未熔合、气孔等缺陷。

不论采用哪种方法收弧，操作时需要特别注意：收弧时，焊枪除停止前进外不能抬高喷嘴，即使弧坑已填满、电弧已熄灭，也要让焊枪在弧坑处停留几秒钟后再离开。这是因为熄弧后，控制电路仍会延时送气一段时间，以保证熔池凝固时得到可靠的保护，此时若收弧时抬高焊枪，则容易因保护不良而引起缺陷。

8. 接头

CO_2气体保护焊相对于焊条电弧焊来说，可连续长距离施焊，但也不可避免地会产生接头。为保证焊接质量，可按照下述步骤进行操作。

（1）将待焊接头处清理干净。

（2）在断弧处的前方中心点引弧，引燃电弧后，将电弧移至断弧最高点迅速前进，转一圈返回引弧处后，再继续向左焊接。

9. 定位焊

CO_2气体保护焊产生的热量较焊条电弧焊大，要求定位焊缝有足够的强度。通常定位焊缝都不磨掉，仍保留在焊缝中，焊接过程中很难全部重熔，因此应保证定位焊缝的质量。定位焊缝既要熔合好，余高不能太高，又不能有缺陷，所以要求焊接人员要像正式焊接一样焊定位焊缝。定位焊缝的长度和间距应符合图 1-3-23 和图 1-3-24 所示要求。焊接人员进行实际练习时，要注意试板上的定位焊缝。

（1）中厚板对接时的定位焊缝如图 1-3-23 所示。焊件两端应装引弧板、引出板。

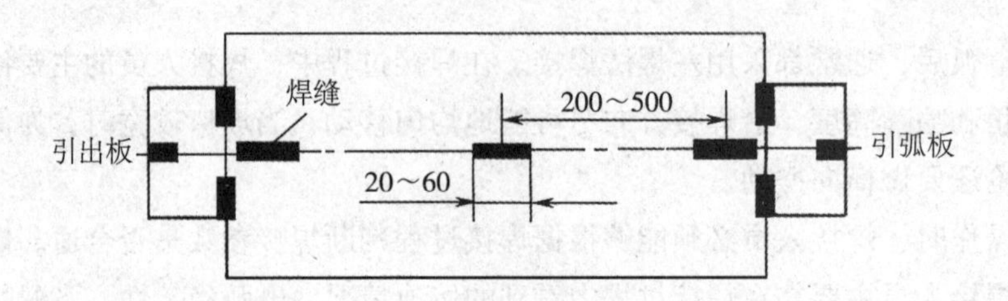

图 1-3-23　中厚板对接时的定位焊缝

（2）薄板对接时的定位焊缝如图 1-3-24 所示。

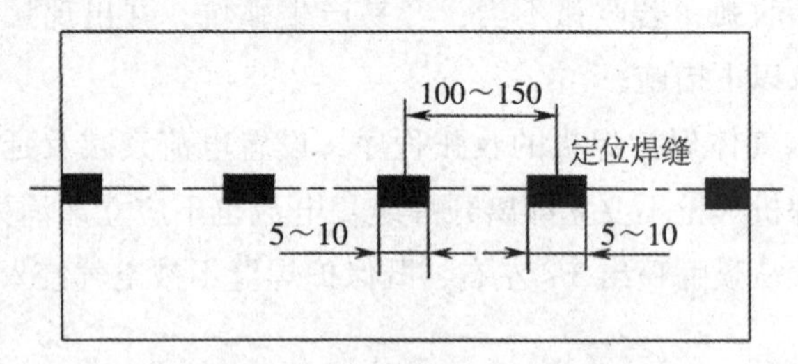

图 1-3-24　薄板对接时的定位焊缝

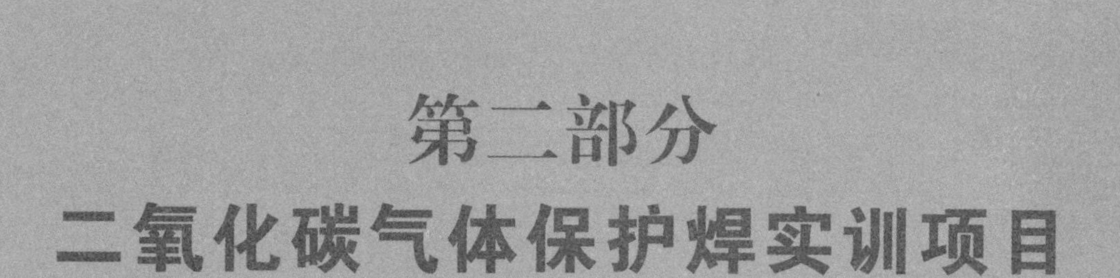

第二部分
二氧化碳气体保护焊实训项目

项目一

焊接基本操作

本项目以平敷焊操作为例，具体任务实施如下。

任务描述

如图 2-1-1 所示，在图中各虚线上进行平敷焊训练。

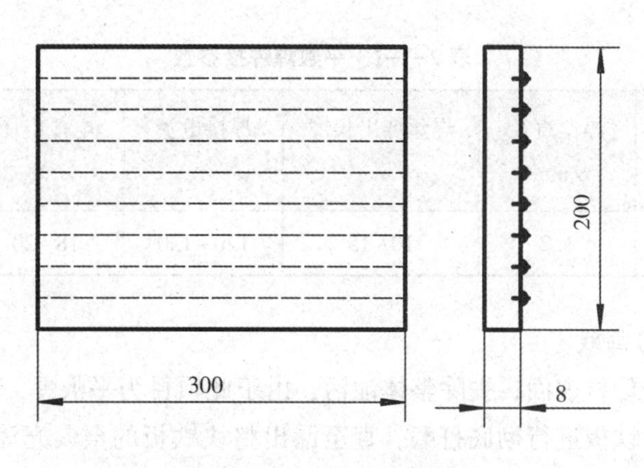

图 2-1-1　平敷焊试板图纸

平敷焊

技术要求

（1）在钢板上的运条轨迹线处进行正、反面平敷焊。

（2）试件材质为 Q345，厚度为 8 mm。

（3）要求焊缝基本平直，接头圆滑，收尾弧坑填满。

（4）焊缝宽度为 C = （10±1） mm，焊缝余高为 h = （2±1） mm。

任务实施

一、焊前准备

（1）焊接母材及焊材。本项焊接任务采用 CO_2 气体保护方法进行焊接，选用母材型号为 Q345，使用与母材强度匹配的低碳钢焊丝（ER50-6 焊丝），其直径为 1.2 mm。

（2）焊件尺寸。其尺寸为（300×200×8）mm。

（3）保护气体。保护气体为 CO_2 气体，其纯度（体积分数）不小于 99.5%。

（4）焊接场地。焊接工位面积应不小于 4 m^2，提供足够的采光，配有独立式空气净化单机或者统一的排烟除尘系统，并配有可调节前后、高低、方向的多功能焊接平台。

（5）焊接设备。焊机采用 CO_2 气体保护焊机，如国产的北京时代 NB-350 型气体保护焊机。

（6）焊接辅助工具。可以选用锤子、錾子、钢丝刷、直角钢尺、焊缝检验尺、千分尺、角磨机等工具。

二、平敷焊操作步骤

1. 焊接参数

平敷焊焊接参数如表 2-1-1 所列。其焊件规格为（300×200×8）mm 的 Q345 低碳钢板，焊接性能好。

表 2-1-1　平敷焊焊接参数

焊道层次	电源极性	焊丝直径 /mm	焊丝伸出长度 /mm	焊接电流 /A	电弧电压 /V	气体流量 /（$L \cdot min^{-1}$）
表面焊缝	反极性	1.2	10~15	120~130	18~20	10~15

2. 清理焊件与画线

用角磨机打磨母材表面，去除整体油污，由于此项目为平敷焊，焊缝覆盖整块铁板表面，所以需要对铁板进行彻底打磨，直至漏出整块铁板的金属光泽，以防止氧化物、水分对焊接的干扰。

平敷焊为学生接触的第一个焊接任务，所以为了使学生能焊得笔直，需要用画线笔在铁板表面画出间隔宽度为 25 mm 的直线，让学生沿着直线进行焊接。

3. 开启焊机

（1）打开三相电源开关，扳动焊接电源上的电源控制开关和预热器开关，使焊机处于工作状态。

（2）打开 CO_2 气瓶并合上焊机上的检测气流开关，打开气瓶流量调节器阀门，调节至合适的 CO_2 气体流量值，然后断开检测气流开关。

(3) 把送丝机构上的压丝手柄扳开，将焊丝通过导丝孔放入送丝轮的 V 形槽内，再把焊丝端部推入软管，合上压丝手柄，并调节合适的压紧力，这时按动焊枪上的微动开关，送丝电动机转动，焊丝经导电嘴送出。焊丝伸出长度应距喷嘴 10 mm 左右，多余长度用钳子剪断。

(4) 合上焊机控制面板上的空载电压检测开关，选择空载电压值，调节完毕，断开检测开关，此时焊机进入准备焊接状态。

4. 焊接

引燃电弧，可采用直接短路法，引弧前保持焊丝与焊件零距离接触，焊枪喷嘴与焊件距离为 10~12 mm。也可直接按动焊枪开关，引燃电弧，由于焊枪会回弹，所以必须用力以保持焊枪角度与姿势。

焊接操作时，可采用直线焊接方法和摆动焊接方法。

(1) 直线焊接方法。

采用直线焊接方法形成的焊缝，宽度会窄一些，高度偏高一些，熔深不够、稍浅，而且在整条焊缝的形成过程中，一般在始焊端、接头处、终焊端容易产生焊接缺陷。

①始焊端焊接时，焊件温度较低，在引弧后可将电弧适当拉长，起到预热的作用，然后再进行始焊端焊接。对于重要的焊件，可在始焊端加引弧板，将引弧时容易出现的缺陷留在引弧板上。

②焊接接头的处理方法，即在原熔池前方 15~20 mm 处进行引弧，然后迅速将电弧拉回原熔池中心，等待原熔池边缘与熔化金属重合后，再继续进行焊接操作。

③焊缝终端收弧时，可利用焊机的电流衰减装置。如果焊机没有该装置，应采用多次断续引弧方式填充弧坑，直至将弧坑填平。

(2) 摆动焊接方法。

为了达到一定的焊缝宽度，一般采用摆动焊接的方法。摆动焊接方法包括锯齿形、月牙形、正三角形、斜圆圈形等。焊接操作时，左右摆动的幅度要一致，摆动至焊缝中心位置，速度稍快；摆动至两侧，需稍做停留，以确保两侧熔合。摆动幅度不能过大，一般控制在喷嘴内径的 1.5 倍以内即可。

焊枪的运动方向分为左焊法和右焊法。焊枪自右向左移动称为左焊法，焊枪自左向右移动称为右焊法。左焊法焊道平坦并且变宽，熔深浅，飞溅大，熔池保护效果好。右焊法焊道较窄并且变高，熔深较深，飞溅小一些，容易焊偏。因此在实际应用中，一般采用左焊法，焊枪的前倾角为 10°~15°。

实际操作时，焊接人员必须能够根据焊接过程判断焊接参数是否合适。像焊条电弧焊一样，焊接人员主要依靠在焊接过程中看到的熔池情况、电弧稳定性、飞溅大小及焊缝成形的好坏来选择焊接参数。

5. 收弧

焊接结束前必须收弧，若收弧不当，容易产生弧坑，并出现弧坑裂纹、气孔等缺陷。操作时可以采取以下措施。

（1）CO_2气体保护焊机有弧坑控制电路，则焊枪在收弧处停止前进，同时接通此电路，焊接电流与电弧电压自动变小，待熔池填满时断电。

（2）若CO_2气体保护焊机没有弧坑控制电路，或因焊接电流小没有使用弧坑控制电路时，在收弧处焊枪停止前进，并在熔池未凝固时，反复断弧、引弧几次，直至弧坑填满为止。操作时动作要快，若熔池已凝固才引弧，则可能产生未熔合、气孔等缺陷。

不论采用哪种方法收弧，操作时需要特别注意：收弧时，焊枪除停止前进外不能抬高喷嘴，即使弧坑已填满、电弧已熄灭，也要让焊枪在弧坑处停留几秒钟后再离开。这是因为熄弧后，控制电路仍会延时送气一段时间，以保证熔池凝固时得到可靠的保护，若收弧时抬高焊枪，则容易因保护不良而引起缺陷。

6. 操作注意事项

（1）引弧和熄弧无须移动焊枪，操作时，应防止焊条电弧焊时的习惯动作。

（2）在电弧熄灭后不可立即移开焊枪，以保证滞后停气对熔池的保护。

（3）由于电流密度大、弧光辐射严重，必须严格穿戴好防护用品。

7. 关闭焊机

（1）松开焊枪扳机，使焊机停止送丝，电弧熄灭，滞后2~3 s断气，操作结束。

（2）关闭气源、预热器开关和控制电源开关，关闭总电源（即拉下刀开关），松开压丝手柄，去除弹簧的压力，最后将焊机整理好。

三、注意事项

（1）焊接时，要注意焊道的起头、运条、连接和收尾的方法正确。

（2）焊缝的起头和连接片基本平滑，无局部过高现象，收尾无弧坑。

（3）每条焊缝焊波要求均匀，无明显咬边现象。焊件上不应有引弧痕迹。

（4）正确使用焊接设备。为保证安全和延长焊机的使用寿命，调节电流、电压应在空载状态下进行，改变极性应在焊接电源未闭合状态下进行。

（5）为保证焊道成形，应控制好熔池形状及焊接速度，焊接电流和焊条角度要合适。

（6）进行焊接操作训练时应注意安全，焊后工件应妥善保管或放好，以免烫伤。

（7）在实习场所周围应设置灭火器材，清除作业区的易燃物。

四、评分标准

平敷焊评分标准如表2-1-2所列。

表 2-1-2　平敷焊评分标准

检查项目		配分	标准	检测结果	检测人	得分
外观检查	焊缝余高	8	$h \leqslant 2$ mm			
	焊缝高低差	8	$h_{max} - h_{min} \leqslant 1$ mm			
	焊缝宽度	8	$C = 8 \sim 10$ mm			
	焊缝宽度差	8	$C_{max} - C_{min} \leqslant 2$ mm			
	焊缝边缘直线度误差	10	≤3 mm			
	焊缝成形	10	焊波细、均匀、光滑、美观			
	起焊处熔合情况	6	起焊处熔合良好			
	弧坑	8	填满			
	焊缝接头	5	不脱节、超高、接偏			
	非焊接区域碰弧	5	无			
	运丝方法	10	直线、锯齿、月牙形运条，一种不正确扣 4 分			
焊后自查	清理干净飞溅物	4	飞溅物未清干净扣 4 分			
	合理节约焊材	4	允许使用一根大于 50 mm的焊条头			
	安全文明生产	6	服从管理，安全操作，否则扣 4 分			
总分		100	实训成绩			

项目二

T形接头焊接技术

任务一　4 mm钢板T形角接平焊

4 mm 钢板 T 形角接平焊

任务描述

完成图 2-2-1 所示低碳钢 T 形角接平焊焊件。

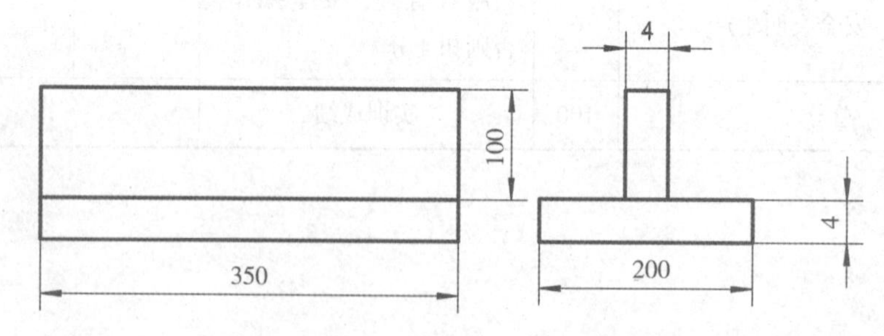

图 2-2-1　T 形角接平焊焊件图纸

技术要求

（1）焊接方法采用半自动 CO_2 气体保护焊。

（2）试件材质为 Q345，板尺寸为一块（350×100×4）mm 和一块（350×200×4）mm。

（3）焊接位置为平位脚焊。

（4）根部间隙为 0 mm，坡口为 I 形坡口。

（5）要求双面焊接，焊缝表面无缺陷，焊缝波纹均匀、宽窄一致、高低平整，焊缝与母材圆滑过渡，焊后无变形，具体要求参照评分标准。

（6）焊后要对焊缝进行清理，焊接结束后不得补焊。

任务实施

一、焊接准备

（1）焊接母材及焊材。本项焊接任务采用 CO_2 气体保护方法焊接，选用母材型号为 Q345，使用与母材强度匹配的低碳钢焊丝（ER50-6 焊丝），直径为 1. 2 mm。

（2）焊件尺寸。T 形接头采用一块底板和一块立板进行组对，板尺寸分别为(350×100×4) mm 和（350×200×4）mm。

（3）坡口。应为 I 形坡口。

（4）焊接场地。焊接工位面积应不小于 4 m^2，提供足够的采光，配有独立式空气净化单机或者统一的排烟除尘系统，并配有可调节前后、高低、方向的多功能焊接平台。

（5）焊接设备。焊机采用 CO_2 气体保护焊机，如国产的北京时代 NB-350 型 CO_2 气体保护焊机。

（6）焊接辅助工具。可以选用锤子、錾子、钢丝刷、直角钢尺、焊缝检验尺、千分尺、角磨机等工具。

二、T 形角接平焊操作步骤

1. 识读焊接工艺卡

T 形角接平焊工艺卡如表 2-2-1 所列。

表 2-2-1　T 形角接平焊工艺卡

焊接工艺卡		编号：01
材料牌号	Q345	接头简图
材料规格	4 mm	
接头种类	角接接头	
坡口形式	I 形	
组对间隙	0	
焊接方法	GMAW	
焊接设备	ML350	
电源种类	直流	
电源极性	反接	
焊接位置	2F	

表 2-2-1（续）

焊接参数					
焊材型号	焊材直径/mm	焊接电流/A	焊接电压/V	保护气体流量/（$L \cdot min^{-1}$）	焊丝伸出长度/mm
ER50-6	ϕ1.2	120~140	15~18	12~15	12~18

2. 清理焊件

用角磨机打磨母材表面，去除整体油污；着重打磨焊缝 20 mm 内区域，确保露出金属光泽，防止铁锈等氧化物的干扰。

3. 装配及定位焊

将（350×100×4）mm 的铁板垂直放置在（350×200×4）mm 的铁板正中间，中间不留间隙，保证两个板成近似 90°，这就是 T 形接头；并保证两块板在长度方向上一致，对齐放置。将两块板采用气体保护焊方法进行点焊组对，点焊点在立板和底板两端，定位焊的长度不大于 10 mm。把定位好的工件装配到卡具上，确保工件牢固，焊接时不会发生位移。根据工艺卡选择合适的电流、电压及气体流量，准备开始焊接。

4. 焊接起弧

焊接时，可以根据夹具具体情况进行焊接高度调整，可以采用下蹲式或站立式焊接姿势进行焊接。

（1）下蹲式焊接。身体呈下蹲姿势，上身挺直稍向前倾，两腿打开，略宽于肩，双脚呈外八字，保持重心稳定。

（2）站立式焊接。身体呈站立姿势，双脚打开，略宽于肩，上身向前倾斜，与焊件保持适当的距离。

焊接开始之前，在焊道上模拟焊接，走一遍焊接路径，找到合适的身体重心位置，保证整条焊缝可以一次焊接完成。焊接时，焊接人员右手握焊枪，以小臂与手腕配合，采用左焊法进行焊接，控制好焊枪与焊件的角度为 45°，控制好焊接速度和电弧的摆动运弧。

此次焊接任务采用接触引弧方式，焊枪内焊丝伸出焊枪 10~15 mm，与母材接触，接触点在焊接端头；按动焊枪按钮，焊机输出电流，焊丝自动出丝，气体填满焊接点周围，最终形成短路接触引弧。起弧时，焊接人员需握紧焊枪，保持稳定，并且起弧后不要立即前移，待打开熔池并观察熔池形状良好时，方可继续焊接。焊丝伸出喷嘴的距离（即干伸长度）务必保持稳定，以确保焊接电流和焊接电压稳定、焊缝表面成形美观。

5. 焊接过程

焊接是一个复杂的运动过程，焊丝同时受到三个方向的作用力，它们共同维持焊丝运动。三个送丝方向分别是：①焊丝自动向下送给，此项无须手动完成，送丝机自动送

丝；②随着熔池温度和尺寸变化，焊枪朝前进方向移动，形成焊缝，此项须手动完成；③根据焊缝宽度和熔合的需要横向摆动，此项须手动完成。

三个送丝方向需相互配合、保持稳定，才能得到良好的焊缝成形。当电弧摆动到焊缝两侧时，应稍做停留，以避免焊缝产生咬边和熔合不良现象。焊接开始后，确保焊丝在焊缝处均匀摆动，得到的焊缝呈上下均匀状。

6. 操作要点

在保证焊缝宽度的前提下，各个方向上的摆动应一致；焊接过程中，一定要在焊缝两侧停留 1 s 左右，中间不停留，才能保证焊缝两侧熔合良好；T形角接平焊焊枪角度示意图如图 2-2-2 所示，在焊接过程中，焊接人员要始终保持焊枪角度；焊接时，要注意观察熔池形状及大小，根据实际情况对焊接速度、角度、摆动大小进行微调。

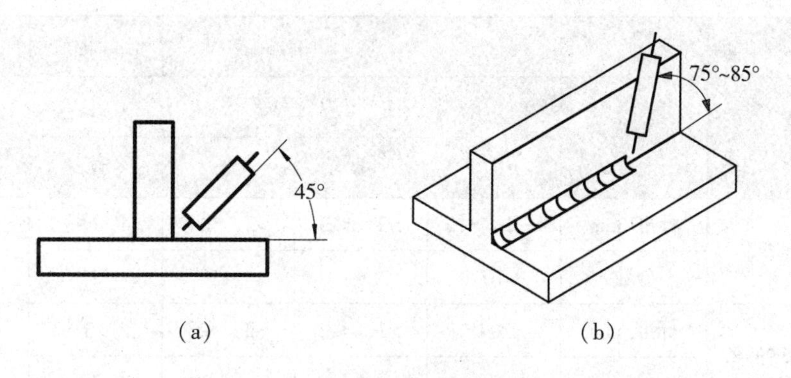

图 2-2-2 T形角接平焊焊枪角度示意图

7. 接头

本焊接任务中焊板长为 350 mm，为了练习焊接接头方法，将焊缝一分为三，在焊缝的三分之一处和三分之二处进行焊缝接头练习。焊缝接头时，在收弧处后端 5 mm处按动按钮，电弧引燃，然后快速将电弧引向弧坑，待熔化金属填满弧坑后，立即向前移动，向正常焊接方向施焊。

8. 熄弧

当中断焊接过程或至焊接终端处熄弧时，松开焊枪按钮，使电弧熄灭，保持焊枪不动，在熄弧位置停留几秒，使得焊枪中喷出的 CO_2 气体继续对熔池进行保护，以防止熄弧处产生缺陷。熄弧工艺参数可以在焊机上进行调整，通常可调参数包含熄弧电流、滞后送气时间等。

9. 清理熔渣及飞溅物

CO_2 气体保护焊的熔渣相比于焊条电弧焊的熔渣要少得多，表面只有少量物质待清除，所以焊后只需用敲渣锤清除熔渣，用钢丝刷进一步将熔渣、焊接飞溅物等清除干净即可。值得注意的是，CO_2 气体保护焊产生飞溅物的量较多，飞溅的距离也比较大，所以不仅要清理焊道上的飞溅物，而且要将试板其他位置的飞溅物用扁铲清理干净，同时要保证不伤到母材表面。

三、注意事项

试板定位焊接，定位点直径不能超过 10 mm，并且为防止未焊透，定位焊电流可比正式焊电流大 10%左右；操作时，对焊接电流、焊接电压、焊枪角度、电弧长度进行调整及使它们相互协调；焊接过程中，注意对熔池进行观察，发现异常应及时处理，否则会出现焊缝缺陷；焊前、焊后要注意对焊件进行清理，注意对缺陷进行处理，但一定要等焊缝温度下降后再清理，以防止焊缝表面熔渣对人脸造成伤害。

四、评分标准

T 形角接平焊评分标准如表 2-2-2 所列。

表 2-2-2　T 形角接平焊评分标准

试件编号			评分人			合计得分		
检查项目		标准分数	焊缝等级				测量数值	实际得分
			Ⅰ	Ⅱ	Ⅲ	Ⅳ		
正面	焊缝余高	标准/mm	>-1，≤2	>2，≤3	>3，≤4	>4，≤-1		
		分数	10	6	4	2		
	焊缝高低差	标准/mm	≤1	>1，≤2	>2，≤3	>3		
		分数	10	8	4	2		
	焊缝宽度	标准/mm	>6，≤8	>8，≤9	>9，≤10	>10，≤6		
		分数	10	6	4	0		
	焊缝宽窄差	标准/mm	≤1.5	>1.5，≤2	>2，≤3	>3		
		分数	10	8	6	2		
	咬边	标准	无咬边	深度小于 0.5 mm，且长度不大于 10 mm	深度小于 0.5 mm，长度不大于 20 mm	深度大于 0.5 mm 或长度大于 20 mm		
		分数	10	8	4	2		

任务二　4 mm 钢板 T 形角接立焊（双面焊）

任务描述

完成图 2-2-3 所示的低碳钢 T 形角接立焊焊件。

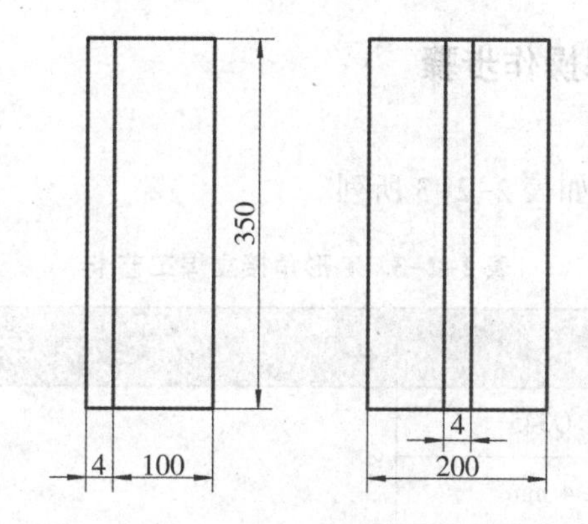

图 2-2-3　T 形角接立焊焊件图纸

技术要求

（1）焊接方法采用半自动 CO_2 气体保护焊。

（2）试件材质为 Q345，板尺寸为一块（350×100×4）mm 和一块（350×200×4）mm。

（3）焊接位置为立位脚焊。

（4）根部间隙为 0 mm，坡口为 I 形坡口。

（5）要求双面焊接，焊缝表面无缺陷，焊缝波纹均匀、宽窄一致、高低平整，焊缝与母材圆滑过渡，焊后无变形，具体要求参照评分标准。

（6）焊后要对焊缝进行清理，焊接结束后不得补焊。

任务实施

一、焊接准备

（1）焊接母材及焊材。本项焊接任务采用 CO_2 气体保护方法焊接，选用母材型号

为 Q345，使用与母材强度匹配的低碳钢焊丝（ER50-6 焊丝），直径为 1.2 mm。

（2）焊件尺寸。T 形接头采用一块底板和一块立板进行组对，板尺寸分别为（350×100×4）mm 和（350×200×4）mm。

（3）坡口。应为 I 形坡口。

（4）焊接场地。焊接工位面积应不小于 4 m^2，提供足够的采光，配有独立式空气净化单机或者统一的排烟除尘系统，并配有可调节前后、高低、方向的多功能焊接平台。

（5）焊接设备。焊机采用 CO_2 气体保护焊机，如国产的北京时代 NB-350 型 CO_2 气体保护焊机等。

（6）焊接辅助工具。可以选用锤子、錾子、钢丝刷、直角钢尺、焊缝检验尺、千分尺、角磨机等工具。

二、T 形角接立焊操作步骤

1. 识读焊接工艺卡

T 形角接立焊工艺卡如表 2-2-3 所列。

表 2-2-3　T 形角接立焊工艺卡

焊接工艺卡		编号：02
材料牌号	Q345	接头简图 75°~85°
材料规格	4 mm	
接头种类	角接接头	
坡口形式	I 形	
组对间隙	0	
焊接方法	GMAW	
焊接设备	ML350	
电源种类	直流	
电源极性	反接	
焊接位置	3F	

焊接参数

焊材型号	焊材直径 /mm	焊接电流 /A	焊接电压 /V	保护气体流量 /（L·min^{-1}）	焊丝伸出长度 /mm
ER50-6	ϕ1.2	100~120	16~18	12~15	12~18

2. 清理焊件

用角磨机打磨母材表面，去除整体油污；着重打磨焊缝 20 mm 内区域，确保露出金属光泽，防止铁锈等氧化物的干扰。

3. 装配及定位焊

将（350×100×4）mm 的铁板垂直放置在（350×200×4）mm 的铁板正中间，中间不留间隙，保证两个板成近似 90°，这就是 T 形接头。并保证两块板在长度方向上一致，对齐放置。将两块板采用气体保护焊方法进行点焊组对，点焊点在立板和底板两端，定位焊的长度不大于 10 mm。把定位好的工件装配到卡具上，确保工件牢固、焊接时不会发生位移。根据工艺卡选择合适的电流、电压及气体流量，准备开始焊接。

4. 焊接起弧

焊接时，可以根据夹具具体情况进行焊接高度调整，可以采用下蹲式或站立式焊接姿势进行焊接。

（1）下蹲式焊接。身体呈下蹲姿势，上身挺直稍向前倾，两腿打开，略宽于肩，双脚呈外八字，保持重心稳定。

（2）站立式焊接。身体呈站立姿势，双脚打开，略宽于肩，上身向前倾斜，与焊件保持适当的距离。

采用由下至上进行焊接，要求焊枪与焊件的角度为 45°，控制好焊接速度和焊枪的摆动。

此次焊接任务采用接触引弧方式，焊枪内焊丝伸出焊枪 10~15 mm，与母材接触，接触点在焊接端头；按动焊枪按钮，焊机输出电流，焊丝自动出丝，气体填满焊接点周围，最终形成短路接触引弧。起弧时，焊接人员需握紧焊枪，保持稳定，并且起弧后不要马上前移，待打开熔池并观察熔池形状良好时，方可继续焊接。焊丝伸出喷嘴的距离（即干伸长度）务必保持稳定，以确保焊接电流和焊接电压稳定、焊缝表面成形美观。

5. 焊接过程

焊接是一个复杂的运动过程，焊丝同时受到三个方向的作用力，共同维持焊丝运动。三个送丝方向分别是：①焊丝自动向下送给，此项无须手动完成，送丝机自动送丝；②随着熔池温度和尺寸变化，焊枪朝前进方向移动，形成焊缝，此项须手动完成；③根据焊缝宽度和熔合的需要横向摆动，此项须手动完成。

三个送丝方向需相互配合、保持稳定，才能得到良好的焊缝成形。当电弧摆动到坡口两侧时，应稍做停留，以避免焊缝产生咬边和熔合不良现象。焊接开始后，确保焊丝在焊缝处均匀摆动，得到的焊缝呈上下均匀状。

6. 操作要点

焊枪角度为 75°~80°，焊枪正对两个板中间，即 45°的位置，如图 2-2-4 所示，这样得到的焊缝成形比较美观；焊接过程中，一定要在两侧停留 1 s 左右，中间不停留；焊接时，注意观察熔池形状及大小，根据实际情况对焊接速度、角度、摆动大小进行微调；焊接的方向为立向上焊接，利用电弧推力来克服重力，防止铁水向下流动；纵向摆

动方法可以采用反月牙法进行焊接，焊接跨度不要太大，以防止焊缝过于稀疏、成形不美观。

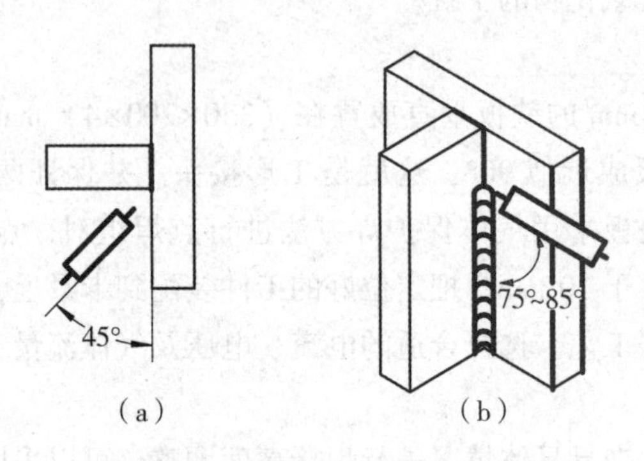

图 2-2-4　不开坡口对接立焊示意图

7. 接头

本次焊接任务中焊板长为 350 mm，为了练习焊接接头方法，将焊缝一分为三，在焊缝的三分之一处和三分之二处进行焊缝接头练习。焊缝接头时，在收弧处后端 5 mm 处按动按钮，电弧引燃，然后快速将电弧引向弧坑，待熔化金属填满弧坑后，立即向前移动，向正常焊接方向施焊。

8. 熄弧

当中断焊接过程或至焊接终端处熄弧时，松开焊枪按钮，使电弧熄灭，保持焊枪不动，在熄弧位置停留几秒，使得焊枪中喷出的 CO_2 气体继续对熔池进行保护，以防止熄弧处产生缺陷。熄弧工艺参数可以在焊机上进行调整，通常可调参数包含熄弧电流、滞后送气时间等。

9. 清理熔渣及飞溅物

CO_2 气体保护焊的熔渣相比于焊条电弧焊的熔渣要少得多，表面只有少量物质待清除，所以焊后只需用敲渣锤清除熔渣，用钢丝刷进一步将熔渣、焊接飞溅物等清除干净即可。值得注意的是，CO_2 气体保护焊产生飞溅物的量较多，飞溅的距离也比较大，所以不仅要清理焊道上的飞溅物，而且要将试板其他位置的飞溅物用扁铲清理干净，同时要保证不伤到母材表面。

三、注意事项

试板定位焊接，定位点直径不能超过 10 mm。定位焊可在任意位置完成，不必一定用立焊位置，也可在定位之后再把工件调整到立焊位置。定位焊电流可比正式焊电流大 10%左右，防止未焊透。焊枪角度一定要正确，确保铁水不向下流动，并在操作时注意对焊接电流、焊接电压、焊枪角度、电弧长度进行调整及协调。焊接过程中需注意对熔池的观察，发现异常应及时处理，否则会出现焊缝缺陷。焊前、焊后要注意对焊件进行清理，注意对缺陷进行处理，但一定要等焊缝温度下降后再清理，以防止焊缝表面熔渣

对人脸造成伤害。

四、评分标准

T 形角接立焊评分标准如表 2-2-4 所列。

表 2-2-4　T 形角接立焊评分标准

<table>
<tr><td colspan="2">试件编号</td><td></td><td>评分人</td><td colspan="2"></td><td>合计得分</td><td colspan="2"></td></tr>
<tr><td colspan="2" rowspan="2">检查项目</td><td rowspan="2">标准分数</td><td colspan="4">焊缝等级</td><td rowspan="2">测量数值</td><td rowspan="2">实际得分</td></tr>
<tr><td>Ⅰ</td><td>Ⅱ</td><td>Ⅲ</td><td>Ⅳ</td></tr>
<tr><td rowspan="10">正面</td><td rowspan="2">焊缝余高</td><td>标准/mm</td><td>>-1，≤2</td><td>>2，≤3</td><td>>3，≤4</td><td>>4，≤-1</td><td rowspan="2"></td><td rowspan="2"></td></tr>
<tr><td>分数</td><td>10</td><td>6</td><td>4</td><td>0</td></tr>
<tr><td rowspan="2">焊缝高低差</td><td>标准/mm</td><td>≤1</td><td>>1，≤2</td><td>>2，≤3</td><td>>3</td><td rowspan="2"></td><td rowspan="2"></td></tr>
<tr><td>分数</td><td>10</td><td>8</td><td>4</td><td>2</td></tr>
<tr><td rowspan="2">焊缝宽度</td><td>标准/mm</td><td>>6，≤8</td><td>>8，≤9</td><td>>9，≤10</td><td>>10，≤6</td><td rowspan="2"></td><td rowspan="2"></td></tr>
<tr><td>分数</td><td>10</td><td>8</td><td>4</td><td>0</td></tr>
<tr><td rowspan="2">焊缝宽窄差</td><td>标准/mm</td><td>≤1.5</td><td>>1.5，≤2</td><td>>2，≤3</td><td>>3</td><td rowspan="2"></td><td rowspan="2"></td></tr>
<tr><td>分数</td><td>10</td><td>6</td><td>4</td><td>2</td></tr>
<tr><td rowspan="2">咬边</td><td>标准</td><td>无咬边</td><td>深度小于 0.5 mm，且长度不大于 10 mm</td><td>深度小于 0.5 mm，长度不大于 20 mm</td><td>深度大于 0.5 mm 或长度大于 20 mm</td><td rowspan="2"></td><td rowspan="2"></td></tr>
<tr><td>分数</td><td>10</td><td>6</td><td>4</td><td>2</td></tr>
</table>

任务三　4 mm 钢板 T 形角接仰焊

4 mm 钢板 T 形角接仰焊

任务描述

完成图 2-2-5 所示低碳钢 T 形角接仰焊焊件。

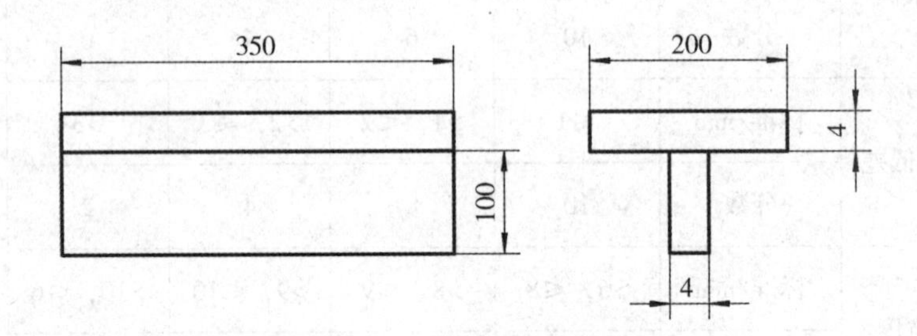

图 2-2-5　T 形角接仰焊焊件图纸

技术要求

（1）焊接方法采用半自动 CO_2 气体保护焊。

（2）试件材质为 Q345，板尺寸为一块（350×100×4）mm 和一块（350×200×4）mm。

（3）焊接位置为仰位脚焊。

（4）根部间隙为 0 mm，坡口为 I 形坡口。

（5）要求双面焊接，焊缝表面无缺陷，焊缝波纹均匀、宽窄一致、高低平整，焊缝与母材圆滑过渡，焊后无变形，具体要求参照评分标准。

（6）焊后要对焊缝进行清理，焊接结束后不得补焊。

任务实施

一、焊接准备

（1）焊接母材及焊材。本项焊接任务采用 CO_2 气体保护方法焊接，选用母材型号为 Q345，使用与母材强度匹配的低碳钢焊丝（ER50-6 焊丝），直径为 1. 2 mm。

（2）焊件尺寸。T 形接头采用一块底板和一块立板进行组对，板尺寸分别为（350×

100×4）mm 和（350×250×4）mm。

（3）坡口。应为 I 形坡口。

（4）焊接场地。焊接工位面积应不小于 4 m^2，提供足够的采光，配有独立式空气净化单机或者统一的排烟除尘系统，并配有可调节前后、高低、方向的多功能焊接平台。

（5）焊接设备。焊机采用 CO_2 气体保护焊机，如国产的北京时代 NB-350 型 CO_2 气体保护焊机。

（6）焊接辅助工具。可以选用锤子、錾子、钢丝刷、直角钢尺、焊缝检验尺、千分尺、角磨机等工具。

二、T 形角接仰焊操作步骤

1. 识读焊接工艺卡

T 形角接仰焊工艺卡如表 2-2-5 所列。

表 2-2-5　T 形角接仰焊工艺卡

焊接工艺卡		编号：03
材料牌号	Q345	
材料规格	4 mm	
接头种类	角接接头	接头简图
坡口形式	I 形	
组对间隙	0	
焊接方法	GMAW	
焊接设备	ML350	
电源种类	直流	
电源极性	反接	
焊接位置	4F	

焊接参数

焊材型号	焊材直径 /mm	焊接电流 /A	焊接电压 /V	保护气体流量 /（$L \cdot min^{-1}$）	焊丝伸出长度 /mm
ER50-6	ϕ1.2	90~130	16~19	12~15	12~18

2. 清理焊件

用角磨机打磨母材表面，去除整体油污；着重打磨焊缝 20 mm 内区域，确保露出金属光泽，防止铁锈等氧化物的干扰。

3. 装配及定位焊

将（350×100×4）mm 的铁板垂直放置在（350×200×4）mm 的铁板正中间，中间不留间隙，保证两个板成近似 90°，这就是 T 形接头；并保证两块板在长度方向上一致，对齐放置。将两块板采用气体保护焊方法进行点焊组对，点焊点在立板和底板两端，定位焊的长度不大于 10 mm。把定位好的工件装配到卡具上，确保工件牢固、焊接时不会发生位移。根据工艺卡选择合适的电流、电压及气体流量，准备开始焊接。

4. 焊接起弧

焊接时，可以根据夹具具体情况进行焊接高度调整，可以采用下蹲式或站立式焊接姿势进行焊接。

（1）下蹲式焊接。身体呈下蹲姿势，上身挺直稍向前倾，两腿打开，略宽于肩，双脚呈外八字，保持重心稳定。

（2）站立式焊接。身体呈站立姿势，双脚打开，略宽于肩，上身向前倾斜，与焊件保持适当的距离。

焊接开始之前，在焊道上模拟焊接，走一遍焊接路径，找到合适的身体重心位置，保证整条焊缝可以一次焊接完成。焊接时，焊接人员右手握焊枪，以小臂与手腕配合，采用左焊法进行焊接，控制好焊枪与焊件的角度为 45°，控制好焊接速度和焊枪的摆动。

此次焊接任务采用接触引弧方式，焊枪内焊丝伸出焊枪 10 ~ 15 mm，与母材接触，接触点在焊接端头；按动焊枪按钮，焊机输出电流，焊丝自动出丝，气体填满焊接点周围，最终形成短路接触引弧。起弧时，焊接人员需握紧焊枪，保持稳定，并且起弧后不要立即前移，待打开熔池并观察熔池形状良好时，方可继续焊接。焊丝伸出喷嘴的距离（即干伸长度）务必保持稳定，以确保焊接电流和焊接电压稳定、焊缝表面成形美观。

5. 焊接过程

焊接是一个复杂的运动过程，焊丝同时受到三个方向的作用力，它们共同维持焊丝运动。三个送丝方向分别是：①焊丝自动向下送给，此项无须手动完成，送丝机自动送丝；②随着熔池温度和尺寸变化，焊枪朝前进方向移动，形成焊缝，此项须手动完成；③根据焊缝宽度和熔合的需要横向摆动，此项须手动完成。

三个送丝方向需相互配合、保持稳定，才能得到良好的焊缝成形。当电弧摆动到坡口两侧时，应稍做停留，以避免焊缝产生咬边和熔合不良现象。焊接开始后，确保焊丝在焊缝处均匀摆动，得到的焊缝呈上下均匀状。

6. 操作要点

焊枪角度为 75° ~ 85°，焊枪正对两个板中间，即 45°的位置，如图 2-2-6 所示，这样得到的焊缝成形比较美观；为了得到平焊缝或凹焊缝，焊接过程中，一定要在两侧停留 1 s 左右，中间不停留；焊接时，注意观察熔池形状及大小，根据实际情况对焊接速

度、角度、摆动大小进行微调；仰焊时，应相应地减小电流，增大保护气体流量，加快焊缝冷却速度，防止铁水向下流动；纵向摆动方法可以采用反月牙法进行焊接，焊接跨度不要太大，以防止焊缝过于稀疏、成形不美观。

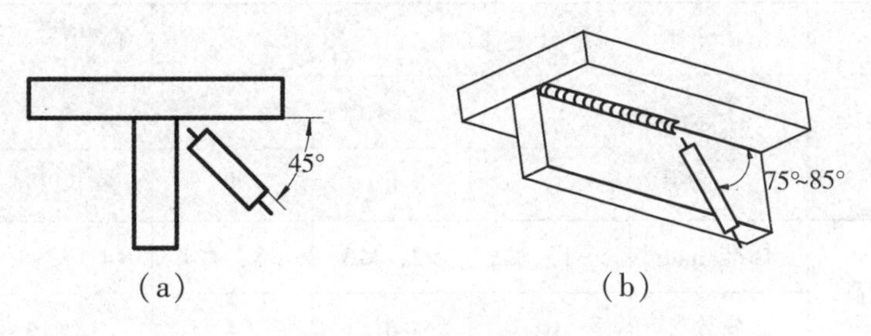

图 2-2-6　不开坡口角接仰焊焊枪角度示意图

7. 接头

本焊接任务中焊板长为 350 mm，为了练习焊接接头方法，将焊缝一分为二，在中心点进行焊缝接头练习。焊缝接头时，在收弧处后端 5 mm 处按动按钮，电弧引燃，然后快速将电弧引向弧坑，待熔化金属填满弧坑后，立即向前移动，向正常焊接方向施焊。

8. 熄弧

当中断焊接过程或焊至焊缝终端处熄弧时，松开焊枪按钮，使电弧熄灭，保持焊枪不动，在熄弧位置停留几秒，使得焊枪中喷出的 CO_2 气体继续对熔池进行保护，以防止熄弧处产生缺陷。熄弧工艺参数可以在焊机上进行调整，通常可调参数包括熄弧电流、滞后送气时间等。

9. 清理熔渣及飞溅物

CO_2 气体保护焊的熔渣相比于焊条电弧焊的熔渣要少得多，表面只有少量物质待清除，所以焊后只需用敲渣锤清除熔渣，用钢丝刷进一步将熔渣、焊接飞溅物等清除干净即可。值得注意的是，CO_2 气体保护焊产生飞溅物的量较多，飞溅的距离也比较大，所以不仅要清理焊道上的飞溅物，而且要将试板其他位置的飞溅物用扁铲清理干净，同时要保证不伤到母材表面。

三、注意事项

试板定位焊接，定位点不能超过 10 mm。定位焊可在任意位置完成，除了仰焊位置，也可在定位之后，再把工件调整到仰焊位置。定位焊电流可比正式焊电流大 10% 左右，防止未焊透。焊枪角度一定要正确，确保铁水不向下流动，并在操作时注意对焊接电流、焊接电压、焊枪角度、电弧长度进行调整及使它们相互协调。焊接过程中需注意对熔池进行观察，发现异常应及时处理，否则会出现焊缝缺陷。焊前、焊后要注意对焊件进行清理，注意对缺陷进行处理，但一定要等焊缝温度下降后再清理，以防止焊缝表面熔渣对人脸造成伤害。

四、评分标准

T 形角接仰焊评分标准如表 2-2-6 所列。

表 2-2-6　T 形角接仰焊评分标准

<table>
<tr><td colspan="2">试件编号</td><td></td><td>评分人</td><td colspan="2"></td><td>合计得分</td><td colspan="2"></td></tr>
<tr><td colspan="2" rowspan="2">检查项目</td><td rowspan="2">标准分数</td><td colspan="4">焊缝等级</td><td rowspan="2">测量数值</td><td rowspan="2">实际得分</td></tr>
<tr><td>Ⅰ</td><td>Ⅱ</td><td>Ⅲ</td><td>Ⅳ</td></tr>
<tr><td rowspan="10">正面</td><td rowspan="2">焊缝余高</td><td>标准/mm</td><td>>-1，≤2</td><td>>2，≤3</td><td>>3，≤4</td><td>>4，≤-1</td><td rowspan="2"></td><td rowspan="2"></td></tr>
<tr><td>分数</td><td>10</td><td>6</td><td>4</td><td>0</td></tr>
<tr><td rowspan="2">焊缝高低差</td><td>标准/mm</td><td>≤1</td><td>>1，≤2</td><td>>2，≤3</td><td>>3</td><td rowspan="2"></td><td rowspan="2"></td></tr>
<tr><td>分数</td><td>10</td><td>8</td><td>4</td><td>0</td></tr>
<tr><td rowspan="2">焊缝宽度</td><td>标准/mm</td><td>>6，≤8</td><td>>8，≤9</td><td>>9，≤10</td><td>>10，≤6</td><td rowspan="2"></td><td rowspan="2"></td></tr>
<tr><td>分数</td><td>10</td><td>8</td><td>4</td><td>2</td></tr>
<tr><td rowspan="2">焊缝宽窄差</td><td>标准/mm</td><td>≤1.5</td><td>>1.5，≤2</td><td>>2，≤3</td><td>>3</td><td rowspan="2"></td><td rowspan="2"></td></tr>
<tr><td>分数</td><td>10</td><td>6</td><td>4</td><td>0</td></tr>
<tr><td rowspan="2">咬边</td><td>标准</td><td>无咬边</td><td>深度小于 0.5 mm，且长度不大于 10 mm</td><td>深度小于 0.5 mm，长度不大于 20 mm</td><td>深度大于 0.5 mm 或长度大于 20 mm</td><td rowspan="2"></td><td rowspan="2"></td></tr>
<tr><td>分数</td><td>10</td><td>8</td><td>4</td><td>2</td></tr>
</table>

项目三

板对接焊接技术

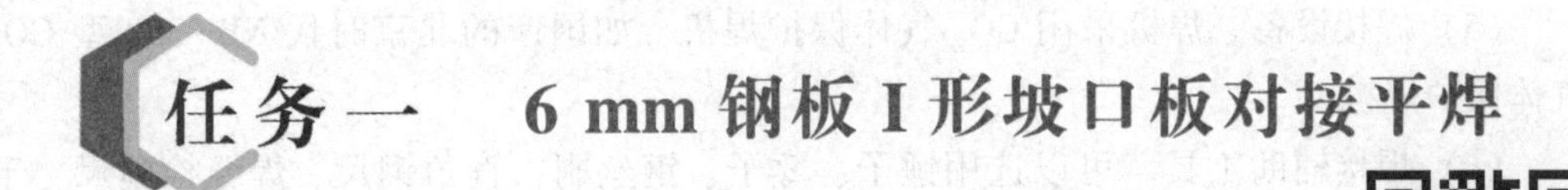

任务一　6 mm 钢板 I 形坡口板对接平焊

6 mm 钢板 I 形坡口板对接平焊

任务描述

完成图 2-3-1 所示的低碳钢 I 形坡口板对接平焊焊件。

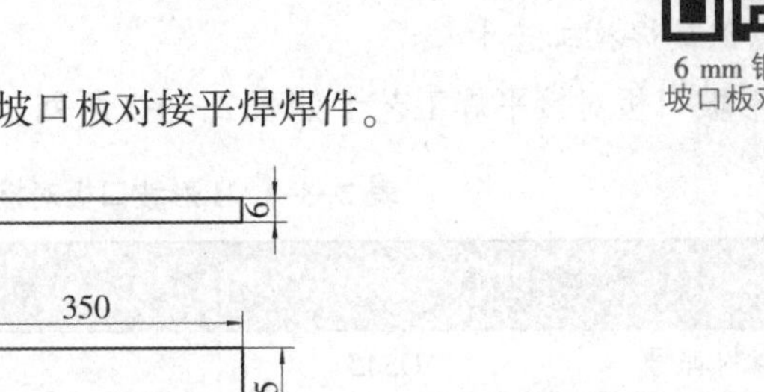

图 2-3-1　I 形坡口板对接平焊焊件图纸

技术要求

（1）焊接方法采用半自动 CO_2 气体保护焊。

（2）试件材质为 Q345，两块焊件尺寸为（350×125×6）mm。

（3）接头形式为板板对接接头，焊接位置为平位。

（4）根部间隙为 2.0~3.0 mm，坡口角度为 60°±5°，钝边为 1.0~1.5 mm。

（5）要求单面焊双面成形，焊缝表面无缺陷，焊缝波纹均匀、宽窄一致、高低平整，焊缝与母材圆滑过渡，焊后无变形，具体要求参照评分标准。

任务实施

一、焊前准备

（1）焊接母材及焊材。本焊接任务采用 CO_2 气体保护方法焊接，选用母材型号为 Q345，使用与母材强度匹配的低碳钢焊丝（ER50-6 焊丝），直径为 1.2 mm。

（2）焊件尺寸。板平对接接头采用两块尺寸相同的铁板进行组对，板尺寸为（350×125×6）mm。

（3）坡口。应为 I 形坡口。

（4）焊接场地。焊接工位面积应不小于 4 m^2，提供足够的采光，配有独立式空气净化单机或者统一的排烟除尘系统，并配有可调节前后、高低、方向的多功能焊接平台。

（5）焊接设备。焊机采用 CO_2 气体保护焊机，如国产的北京时代 NB-350 型 CO_2 气体保护焊机。

（6）焊接辅助工具。可以选用锤子、錾子、钢丝刷、直角钢尺、焊缝检验尺、千分尺、角磨机等工具。

二、I 形坡口板对接平焊操作步骤

1. 识读焊接工艺卡

I 形坡口板对接平焊工艺卡如表 2-3-1 所列。

表 2-3-1　I 形坡口板对接平焊工艺卡

焊接工艺卡		编号：04
材料牌号	Q345	接头简图
材料规格	6 mm	
接头种类	对接接头	
坡口形式	I 形	
组对间隙	1~2 mm	
焊接方法	GMAW	
焊接设备	ML350	
电源种类	直流	
电源极性	反接	
焊接位置	1G（PA）	

表 2-3-1（续）

焊接参数					
焊材型号	焊材直径/mm	焊接电流/A	焊接电压/V	保护气体流量/（$L \cdot min^{-1}$）	焊丝伸出长度/mm
ER50-6	ϕ1.2	100~120	18~20	12~15	12~18

2. 清理焊件

用角磨机打磨母材表面，去除整体油污；着重打磨焊缝 20 mm 内区域，确保露出金属光泽，防止铁锈等氧化物的干扰。

3. 装配及定位焊

将两块试板放置在焊接操作台上，保证两块试板在同一平面上，两端对齐，如图 2-3-2 所示。焊缝间隙控制在 2~3 mm。如果间隙过小，则焊缝背面成形不好；如间隙过大，则容易焊漏。调整好间隙后，在焊缝的两侧分别进行定位，将定位焊的电流调整到 140 A 左右，略大于焊接电流。由于焊接过程中焊缝会收缩，所以末端的焊缝间隙应比起始段的焊缝间隙大，末端间隙采用 4 mm，起始段间隙采用 3 mm。定位焊的焊点要牢固，但不可过长，长度一般控制在 10 mm 以内，本任务要求学生定位焊长度为 10 mm。定位焊完成以后，需要对焊缝进行反变形处理，角度为 5°，保证在焊接完成后，两块板没有脚变形及错边现象。

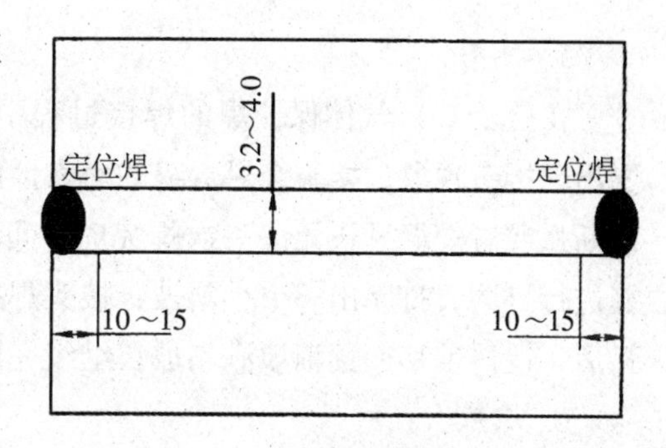

图 2-3-2　I 形坡口平对接装配图

4. 焊接

焊件装配好之后，将焊件固定在焊架上，保证焊缝正下方悬空，有利于铁水过渡到背面，保证成形良好。调整好焊接电流及电压，焊丝的干伸长度控制在 10~15 mm，并且保持不变。在定位点开始引弧，引弧方式采用接触引弧，焊丝端部顶在定位焊点处，准备好后，开始焊接；引弧后不要立即向前移动，通过焊帽观察焊点，当焊缝形成熔孔后再向前施焊，确保整个焊件焊透。焊接方向为从右向左焊接，即左焊法。焊枪与焊缝的夹角保持在 75°~85°，并且在竖直方向上，焊枪又与焊缝成垂直角度（90°），如图 2-3-3所示。为了得到良好的焊缝成形，需要焊接人员在整个操作过程中保持焊接姿势稳定。

焊接 I 形坡口对接焊时，焊枪的运动方向往往只有一种——向焊缝方向前行。如果进行横向摆动，焊缝宽度会变大，但是焊接熔深会变小，很容易造成焊缝背面透不过去。所以，在焊缝间隙调整正确的前提下，焊接时不要进行横向摆动。当装配间隙过大时，可以根据焊接实际情况，在间隙大处加快焊接速度或者进行横向摆动来填满焊缝，弥补间隙过大的问题。

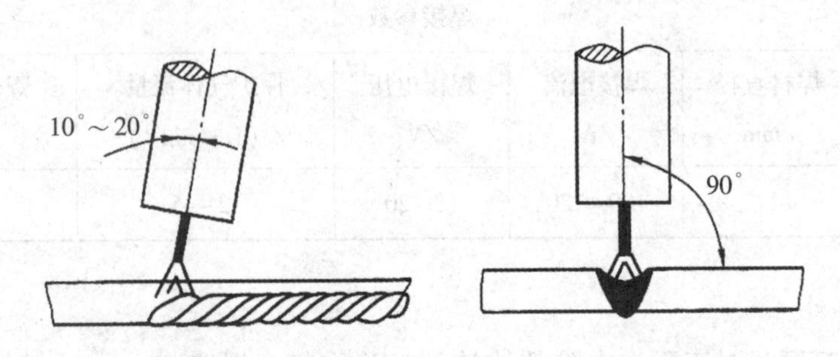

图 2-3-3　I 形坡口板对接平焊焊枪角度示意图

5. 接头

在整个 CO_2 气体保护焊的焊接过程中，要尽量一次完成焊接焊缝的整个过程，不要出现接头现象。接头会对焊缝的力学性能造成影响，并且极大地影响成形美观。当出现断弧或者焊缝过长无法一次焊完时，可以先用工具（如锉刀、刨锤和角磨机）对焊缝进行打磨，打磨出一个小斜坡；接头焊接时，起弧点就在打磨出的小斜坡正中间；起弧后，慢慢前移，逐渐填满斜坡，继续完成焊接。

6. 熄弧

当焊接到达终点时，松开焊枪按钮，但不要立即抬起焊枪，让焊嘴继续在熄弧点位置停留 3~5 s，这时焊枪会继续喷出 CO_2 保护气体。这些气体会对焊缝进行持续保护，以防止焊接缺陷的产生。

为了得到好的熄弧点成形，可以对焊机进行以下设置。

（1）调节滞后送气时间。滞后送气时间设置为 3~5 s，时间过短保护效果不好，时间过长浪费气体。

（2）调节熄弧电流形式。熄弧电流设置为电流逐渐变小，这样熄弧电流会填满弧坑，保证焊缝整体成形美观。

7. 清理熔渣及飞溅物

焊接结束后，首先处理 CO_2 气瓶，关闭气瓶阀门；点动焊枪按钮或弧焊电源面板焊接检气开关，放掉减压器内的多余气体；最后关闭焊接电源，清扫焊接工位，规整焊接电缆和焊接工具，确认无安全隐患。

CO_2 气体保护焊的熔渣相比于焊条电弧焊的熔渣要少得多，表面只有少量物质待清除，所以焊后只需用敲渣锤清除熔渣，用钢丝刷进一步将熔渣、焊接飞溅物等清除干净即可。值得注意的是，CO_2 气体保护焊产生飞溅物的量较多，飞溅的距离也比较大，所以不仅要清理焊道上的飞溅物，而且要将试板其他位置的飞溅物用扁铲清理干净，同时要保证不伤到母材表面。

三、注意事项

（1）定位焊需采用与正式焊接相同的焊接方法，并且保证定位点焊透，所以定位焊的焊接电流需要比正式焊的焊接电流稍大。

（2）由于焊接是一个热循环过程，因此随着焊件的温度变化，焊缝会产生一定的变形。如果焊件是刚性固定在操作台上，则只需保证焊缝间隙一致即可；但如果焊接是自由放置在操作台上，无刚性约束，则需在装配焊件时，使焊件末端焊缝间隙比焊件施焊端焊缝间隙稍微大 0. 5~1. 0 mm，给焊缝收缩留有空间。

（3）如果焊件的装配过程十分精细，焊缝间隙控制得当，则焊接人员操作过程中一定要保持焊接姿势一致、焊接角度不变，以此来保证焊缝成形良好、美观。但如果装配精度不够，则需焊接人员在焊接过程中仔细观察焊缝的熔孔变化，并根据熔孔的大小随时调整焊接速度、焊枪角度及焊枪摆动情况，从而得到想要的焊缝成形。

（4）CO_2 气体保护焊的焊接效果除了和焊接人员的操作水平有关，还和焊接参数的选用有着十分重要的关系。如果焊接电流、电压匹配不好，将导致焊缝成形不好、焊接飞溅很大。所以，焊接人员一定要根据焊接工艺卡调整好焊接参数。焊接参数不是一成不变的，焊接人员可以根据实际情况调整。由于每台焊机年限不同、生产工艺不同、型号不同，焊接电流准确度也不同；或者由于电缆长度不同，焊接电流大小也不尽相同，因此焊接人员的临场调整能力显得十分重要。

四、评分标准

I 形坡口板对接平焊评分标准如表 2-3-2 所列。

表 2-3-2　I 形坡口板对接平焊评分标准

<table>
<tr><td colspan="2">试件编号</td><td></td><td>评分人</td><td colspan="2"></td><td>合计得分</td><td colspan="2"></td></tr>
<tr><td colspan="2" rowspan="2">检查项目</td><td rowspan="2">标准分数</td><td colspan="4">焊缝等级</td><td rowspan="2">测量数值</td><td rowspan="2">实际得分</td></tr>
<tr><td>Ⅰ</td><td>Ⅱ</td><td>Ⅲ</td><td>Ⅳ</td></tr>
<tr><td rowspan="8">正面</td><td rowspan="2">焊缝余高</td><td>标准/mm</td><td>>0，≤2</td><td>>2，≤3</td><td>>3，≤4</td><td>>4，<0</td><td rowspan="2"></td><td rowspan="2"></td></tr>
<tr><td>分数</td><td>5</td><td>3</td><td>2</td><td>0</td></tr>
<tr><td rowspan="2">焊缝高低差</td><td>标准/mm</td><td>≤1</td><td>>1，≤2</td><td>>2，≤3</td><td>>3</td><td rowspan="2"></td><td rowspan="2"></td></tr>
<tr><td>分数</td><td>2. 5</td><td>1. 5</td><td>1</td><td>0</td></tr>
<tr><td rowspan="2">焊缝宽度</td><td>标准/mm</td><td>>18，≤19</td><td>>19，≤20</td><td>>20，≤21</td><td>>21，<18</td><td rowspan="2"></td><td rowspan="2"></td></tr>
<tr><td>分数</td><td>5</td><td>3</td><td>2</td><td>0</td></tr>
<tr><td rowspan="2">焊缝宽窄差</td><td>标准/mm</td><td>≤1. 5</td><td>>1. 5，≤2</td><td>>2，≤3</td><td>>3</td><td rowspan="2"></td><td rowspan="2"></td></tr>
<tr><td>分数</td><td>2. 5</td><td>1. 5</td><td>1</td><td>0</td></tr>
</table>

表 2-3-2（续）

检查项目		标准分数	焊缝等级				测量数值	实际得分
			Ⅰ	Ⅱ	Ⅲ	Ⅳ		
正面	咬边	标准/mm	无咬边	深度小于 0.5 mm，且长度不大于 10 mm	深度小于 0.5 mm，长度不大于 20 mm	深度大于 0.5 mm 或长度大于 20 mm		
		分数	5	3	2	0		
	错变量	标准/mm	0	≤0.5	>0.5，≤1	>1		
		分数	5	3	2	0		
	角变形	标准/mm	0~1	>1，≤3	>3，≤5	>5		
		分数	5	3	2	0		
	表面成形	标准	优	良	一般	差		
		分数	10	6	4	0		
反面	焊缝高度	高度在 0~3 mm，得 5 分		高度大于 3 mm 或小于 0 mm，得 0 分				
	咬边	无咬边，得 5 分		有咬边，得 0 分				
	凹陷	无内凹，得 10 分		深度不大于 0.5 mm，每 2 mm 长扣 0.5 分（最多扣 10 分）；深度大于 0.5 mm，得 0 分				
焊缝内部质量检验		标准（依据 GB/T 3323.1—2019《焊缝无损检测 射线检测》）	Ⅰ级片无缺陷/有缺陷	Ⅱ级片	Ⅲ级片	Ⅳ级片		
		分数	40/35	30	20	0		

注：从开始引弧计时，该工件在 60 min 内完成；每超出 1 min，从总分中扣 2.5 分。试件焊接未完成，表面修补及焊缝正、反两面有裂纹、夹渣、气孔、未熔合、未焊透缺陷，该工件做 0 分处理。

任务二　V形坡口板对接平焊（单面焊双面成形）

6 mm 钢板 V 形坡口板对接平焊

任务描述

完成图 2-3-4 所示的低碳钢 V 形坡口板对接平焊焊件。

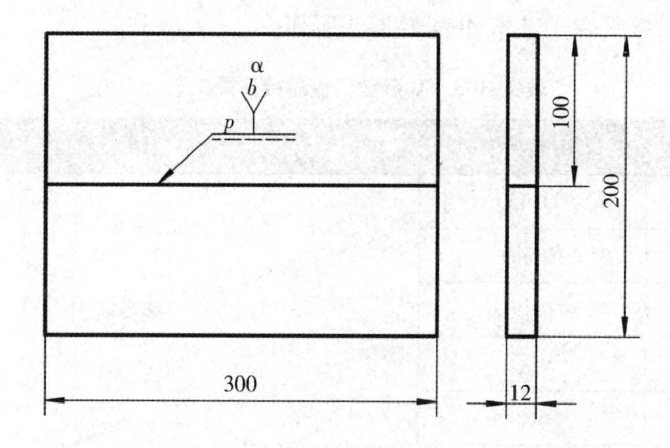

图 2-3-4　V 形坡口板对接平焊焊件图纸

技术要求

（1）焊接方法采用半自动 CO_2 气体保护焊。

（2）试件材质为 Q345。

（3）接头形式为板板对接接头，焊接位置为平位。

（4）根部间隙为 2.0~3.0 mm，坡口角度为 60°±5°，钝边为 1.0~1.5 mm。

（5）要求单面焊双面成形，焊缝表面无缺陷，焊缝波纹均匀、宽窄一致、高低平整，焊缝与母材圆滑过渡，焊后无变形，具体要求参照评分标准。

任务实施

一、焊前准备

（1）焊接母材及焊材。本焊接任务采用 CO_2 气体保护方法焊接，选用母材型号为 Q345，使用与母材强度匹配的低碳钢焊丝（ER50-6 焊丝），直径为 1.2 mm。

（2）焊件尺寸。平对接接头采用两块钢板进行组对，板尺寸为（300×100×12）mm。

（3）坡口。应为 V 形坡口，坡口角度为 60°±5°。

（4）焊接场地。焊接工位面积应不小于 4 m^2，提供足够的采光，配有独立式空气净化单机或者统一的排烟除尘系统，并配有可调节前后、高低、方向的多功能焊接平台。

（5）焊接设备。焊机采用 CO_2 气体保护焊机，如国产的北京时代 NB-350 型 CO_2 气体保护焊机等。

（6）焊接辅助工具。可选用锤子、錾子、钢丝刷、直角钢尺、焊缝检验尺、千分尺、角磨机等工具。

二、V 形坡口板对接平焊操作步骤

1. 识读焊接工艺卡

V 形坡口板对接平焊工艺卡如表 2-3-3 所列。

表 2-3-3　V 形坡口板对接平焊工艺卡

焊接工艺卡		编号：05
材料牌号	Q345	接头简图 60° 12 0.5～1.0 3.2～4.0
材料规格	12 mm	
接头种类	对接接头	
坡口形式	V 形	
坡口角度	60°	
钝边	0.5～1.0 mm	
组对间隙	2～3 mm	
焊接方法	GMAW	
焊接设备	ML350	
电源种类	直流	
电源极性	反接	
焊接位置	1G	

焊接参数

焊层	焊材型号	焊材直径 /mm	焊接电流 /A	焊接电压 /V	保护气体流量 /（$L \cdot min^{-1}$）	焊丝伸出长度 /mm
打底层	ER50-6	ϕ1.2	90～100	19～21	12～15	12～18
填充层			140～160	20～22	12～15	12～18
盖面层			140～160	20～22	12～15	12～18

2. 清理焊件

用角磨机打磨母材表面，去除整体油污；着重打磨焊缝 20 mm 内区域，确保露出金属光泽，防止铁锈等氧化物的干扰。

3. 装配及定位焊

将两块试板夹在老虎钳上，用锉刀或者角磨机把工艺卡中的钝边打磨出来，如果使用不熟练，建议使用锉刀磨钝边，可以慢慢细致地打磨，防止破坏坡口形状。打磨好钝边后，再将两块试板放置在焊缝操作台上，保证两块试板在同一平面上，两端对齐，焊缝间隙控制在 2~3 mm。如果间隙过小，则焊缝背面成形不好；如果间隙过大，则容易焊漏。调整好间隙后，在焊缝的两侧分别进行定位，将定位焊的电流调整到 140 A 左右，略大于焊接电流。由于焊接过程中焊缝会收缩，所以末端的焊缝间隙应比起始段的焊缝间隙大，末端间隙采用 3 mm，起始段间隙采用 2 mm。定位焊的焊点要牢固，但不可过长，长度一般控制在 10 mm 以内，本任务要求学生定位焊长度为 10 mm。定位焊完成以后，需要对焊缝进行反变形处理，角度为 5°，保证在焊接完成后，两块板没有脚变形及错边现象。

4. 焊接

试板厚度为 12 mm，为了得到良好的焊缝成形，一般采用四层（即打底层、第一道填充层、第二道填充层和盖面层）焊接法。其中，打底层、填充层和盖面层的焊接方法和参数都不尽相同，下面逐一进行介绍。

（1）打底焊。

12 mm 厚板开 V 形坡口对接焊的技术要求为单面焊双面成形。单面焊双面成形是焊接人员必须掌握的焊接技术，大多数焊接操作中都会用到这种打底焊方法。焊接人员只在一面进行焊接，就可以在正、反两面得到理想的焊缝成形。

想要完成焊缝的单面焊双面成形，最重要的方法就是控制焊缝间隙和调整好正确的焊接电流和焊接电压，除此之外，还需要焊接人员对焊接速度的掌握十分到位。焊接人员通过对熔孔的观察，掌握好焊接前进的速度，保证每个熔孔都能达到直径为2 mm 大小。过大的熔孔会造成背透过多，严重的会直接烧穿；熔孔过小会造成焊缝背透不足，或者未焊透。当焊接速度、焊接电压、焊接电流、焊缝间隙调整正确后，双面成形技术将很容易掌握。一名优秀、有经验的焊接人员可以根据焊缝的情况随机应变，达到单面焊双面成形的效果。如果试板的根部间隙过大，焊接人员可以通过断弧焊的方法来弥补；如果间隙过小，焊接人员可以重新对焊缝进行组对。

打底焊一般有两种摆动形式。第一种是直拉法，即焊接摆动只有一个方向，即朝焊缝行进方向前进，无须横向摆动。这种摆动方法适用于焊缝根部间隙小的情况。在这种情况下，如果进行横向摆动，很容易造成未焊透现象。第二种是有横向摆动打底焊方法。这种方法适用于根部间隙较大的焊缝，这种间隙的焊缝如果采用直拉法焊接，很容易造成穿丝，严重的会形成焊瘤。根部间隙越大，焊丝横向摆动的幅度也就越大。横向摆动的方法有很多，如锯齿法、反月牙法等。图 2-3-5 所示为反月牙法打底焊示意图。

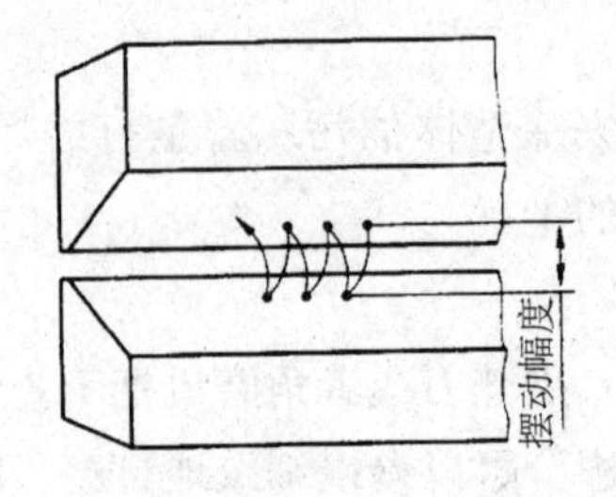

图 2-3-5　反月牙法打底焊示意图（V 形坡口板对接平焊）

无论打底焊时采用什么样的焊接形式，都要保证打底焊成形为中间凹陷，这样才有利于进行接下来的填充焊和盖面焊。一般来说，打底焊的厚度为 3 mm 左右为最佳，如图 2-3-6 所示。

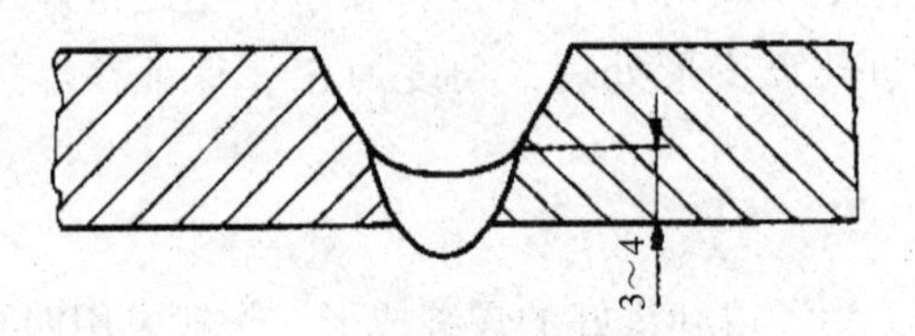

图 2-3-6　打底焊成形及厚度示意图

打底焊时，一定要注意以下要点。

①熔孔变化。随时根据熔孔的大小来调整焊接行进速度。

②焊枪稳定。焊接角度要保持稳定，焊枪相对于焊缝的位置保持不变，尽量减少抖动对焊缝成形的影响。

③放松心情。眼睛盯着焊缝，但不要过度紧张；要放松心情，接受失误，不要因为一点失误而影响整个焊接过程；随时调整焊接手法，尽量做到最好。

④调整好呼吸。调整好呼吸频率，使整个焊接过程保持平稳，身体不要有大的起伏，避免影响到手臂对焊枪的控制。

总而言之，想要焊接成形好，除了最基本的焊接参数调整好以外，最重要的就是保证焊接过程平稳，确保焊枪不要来回晃动，同时要增强对身体的控制力，以提高焊接水平。

（2）填充焊。

12 mm 厚板焊接中，填充焊需要有两层。如果采用一层填充焊的焊接方法，焊缝有如下缺点。

①焊接力学性能差。单层填充焊需要的焊接电流大，焊接速度慢，从而导致焊接热输入变大，使得焊缝的内部组织晶粒粗大，力学性能的表现为强度变大，但韧性和低温抗冲击性变弱。

②焊缝成形变差。采用单层填充方法进行焊接，会造成每一层焊缝电弧停留时间变长，很容易使焊缝的中间高、两边低，盖面层容易出现咬边和焊缝余高超高现象。

填充焊时一定要将层间温度控制在 150 ℃。如果焊缝层间温度过高，会对焊缝的力学性能造成影响；如果焊缝层间温度过低，又会降低焊接效率，且失去了对焊缝预热的作用。

填充层的焊接手法一般为摆动焊接，采用画圆法、反月牙法或锯齿法。无论采用哪种方法，都需要确保焊缝两边停留、中间不停留，两边停留的时间为 0.5 s 左右，时间长短主要通过观察母材熔合情况而定。

填充焊的注意事项如下。

①焊枪角度。进行填充焊时，焊枪摆动的角度要保证一致，手腕摆动，确保焊丝和坡口成近似直角。

②咬边。焊接时，两边一定要稍做停留，确保焊丝与母材熔合；但停留时间不要过长，否则会导致坡口熔化过深，形成内部咬边，不利于下一层焊接，容易造成缺陷。

③层间温度。控制好层间温度再进行焊接，可以得到力学性能最好的焊缝。

④身体保持稳定。保持身体稳定才能使焊枪稳定，这是焊接稳定的基础。

（3）盖面焊。

完成前三层焊接的焊缝应该是一个呈平面或者略微凹陷的焊缝，焊缝表面距离母材表面为 1 mm 左右。如果预留尺寸过大，则盖面焊后容易出现咬边或未焊满现象；如果预留尺寸过小，则容易出现焊缝余高超高缺陷。

盖面焊一般采用锯齿形焊接方法，焊接人员一定要观察坡口两边，焊丝到边后停留 0.5 s，中间不停留，停留时间还需要根据填充层和母材表面的深度进行调整。

盖面焊的注意事项如下。

①余高。焊接人员一定要根据实际情况，调整焊接速度和焊接电流，确保焊缝余高在1~2 mm。过高的余高会造成应力集中，不利于焊缝的使用。

②咬边。焊接操作中经常会出现咬边缺陷，咬边会造成焊缝的力学性能下降。焊接电流过大、焊接速度过慢都会造成咬边现象，需要焊接人员多加练习，予以控制。

③成形。焊缝的成形主要决定于盖面的成形，但是如果填充焊得到的焊缝不平或者凸起，那么盖面焊很难得到好的成形焊缝。所以焊缝成形要从基础练起，从多方控制。

5. 接头

在整个 CO_2 气体保护焊的焊接过程中，要尽量一次完成焊接焊缝的整个过程，不要出现接头现象。接头会对焊缝的力学性能产生影响，并且极大地影响成形美观。当出现断弧或者焊缝过长无法一次焊完时，可以先用工具（如锉刀、刨锤及角磨机）对焊缝进行打磨，打磨出一个小斜坡；接头焊接时，起弧点就在打磨出的小斜坡正中间；起弧后，慢慢前移，逐渐填满斜坡，继续完成焊接。

6. 熄弧

当焊接到达终点时，松开焊枪按钮，但不要立即抬起焊枪，让焊嘴继续在熄弧点位

置停留 3~5 s，这时焊枪会继续喷出 CO_2 保护气体。这些气体会对焊缝进行持续保护，以防止焊接缺陷的产生。

为了得到好的熄弧点成形，可以对焊机进行如下设置。

(1) 调节滞后送气时间。滞后送气时间设置为 3~5 s，时间过短保护效果不好，时间过长浪费气体。

(2) 调节熄弧电流形式。熄弧电流设置为电流逐渐变小，这样熄弧电流会填满弧坑，保证焊缝整体成形美观。

7. 清理熔渣及飞溅物

焊接结束后，首先处理 CO_2 气瓶，关闭气瓶阀门；点动焊枪按钮或弧焊电源面板焊接检气开关，放掉减压器内的多余气体；最后关闭焊接电源，清扫焊接工位，规整焊接电缆和焊接工具，确认无安全隐患。

CO_2 气体保护焊的熔渣相比于焊条电弧焊的熔渣要少得多，表面只有少量物质待清除，所以焊后只需用敲渣锤清除熔渣，用钢丝刷进一步将熔渣、焊接飞溅物等清除干净即可。值得注意的是，CO_2 气体保护焊产生飞溅物的量较多，飞溅的距离也比较大，所以不仅要清理焊道上的飞溅物，而且要将试板其他位置的飞溅物用扁铲清理干净，同时要保证不伤到母材表面。

三、注意事项

(1) 定位焊需采用与正式焊接相同的焊接方法，并且保证定位点焊透，所以定位焊的焊接电流需要比正式焊的焊接电流稍大。

(2) 由于焊接是一个热循环过程，因此随着焊件的温度变化，焊缝会产生一定的变形。如果焊件是刚性固定在操作台上，则只需保证焊缝间隙一致即可；但如果焊接是自由放置在操作台上，无刚性约束，则需在装配焊件时，使焊件末端焊缝间隙比焊件施焊端焊缝间隙稍微大 0.5~1.0 mm，给焊缝收缩留有空间。

(3) 如果焊件的装配过程十分精细，焊缝间隙控制得当，则焊接人员操作过程中一定要保持焊接姿势一致、焊接角度不变，以此来保证焊缝成形良好、美观。但如果装配精度不够，则需焊接人员在焊接过程中仔细观察焊缝的熔孔变化，并根据熔孔的大小随时调整焊接速度、焊枪角度及焊枪摆动情况，从而得到想要的焊缝成形。

(4) CO_2 气体保护焊的焊接效果除了和焊接人员的操作水平有关外，还和焊接参数的选用有着十分重要的关系。如果焊接电流、电压匹配不好，将导致焊缝成形不好、焊接飞溅很大。所以，焊接人员一定要根据焊接工艺卡调整好焊接参数。焊接参数不是一成不变的，焊接人员可以根据实际情况调整。由于每台焊机年限不同、生产工艺不同、型号不同，焊接电流准确度也不同；或者由于电缆长度不同，焊接电流大小也不尽相同，因此焊接人员的临场调整能力显得十分重要。

(5) 控制好层间温度，不要不间断地进行焊接，第一层填充焊和第二层填充焊之间要有停顿，让焊缝冷却到 150 ℃左右，再进行下一步焊接；盖面焊和第二层填充焊也是如此。

四、评分标准

V形坡口板对接平焊评分标准如表2-3-4所列。

表2-3-4 V形坡口板对接平焊评分标准

试件编号			评分人			合计得分		
检查项目		标准分数	焊缝等级				测量数值	实际得分
			Ⅰ	Ⅱ	Ⅲ	Ⅳ		
正面	焊缝余高	标准/mm	>0，≤2	>2，≤3	>3，≤4	>4，<0		
		分数	5	3	2	0		
	焊缝高低差	标准/mm	≤1	>1，≤2	>2，≤3	>3		
		分数	2.5	1.5	1	0		
	焊缝宽度	标准/mm	>18，≤19	>19，≤20	>20，≤21	>21，<18		
		分数	5	3	2	0		
	焊缝宽窄差	标准/mm	≤1.5	>1.5，≤2	>2，≤3	>3		
		分数	2.5	1.5	1	0		
	咬边	标准	无咬边	深度小于0.5 mm，且长度不大于10 mm	深度小于0.5 mm，长度不大于20 mm	深度大于0.5 mm或长度大于20 mm		
		分数	5	3	2	0		
	错变量	标准/mm	0	≤0.5	>0.5，≤1	>1		
		分数	5	3	2	0		
	角变形	标准/mm	0~1	>1，≤3	>3，≤5	>5		
		分数	5	3	2	0		
	表面成形	标准	优	良	一般	差		
		分数	10	6	4	0		

表 2-3-4（续）

检查项目		标准分数	焊缝等级				测量数值	实际得分
			Ⅰ	Ⅱ	Ⅲ	Ⅳ		
反面	焊缝高度	高度在 0 ~ 3 mm，得 5 分		高度大于 3 mm 或小于 0 mm，得 0 分				
反面	咬边	无咬边，得 5 分		有咬边，得 0 分				
反面	凹陷	无内凹，得 10 分		深度不大于 0.5 mm，每 2 mm 长扣 0.5 分（最多扣 10 分）；深度大于 0.5 mm，得 0 分				
焊缝内部质量检验		标准（依据 GB/T 3323.1—2019《焊缝无损检测 射线检测》）	Ⅰ级片无缺陷/有缺陷	Ⅱ级片	Ⅲ级片	Ⅳ级片		
焊缝内部质量检验		分数	40/35	30	20	0		

注：从开始引弧计时，该工件在 60 min 内完成；每超出 1 min，从总分中扣 2.5 分。试件焊接未完成，表面修补及焊缝正、反两面有裂纹、夹渣、气孔、未熔合、未焊透缺陷，该工件做 0 分处理。

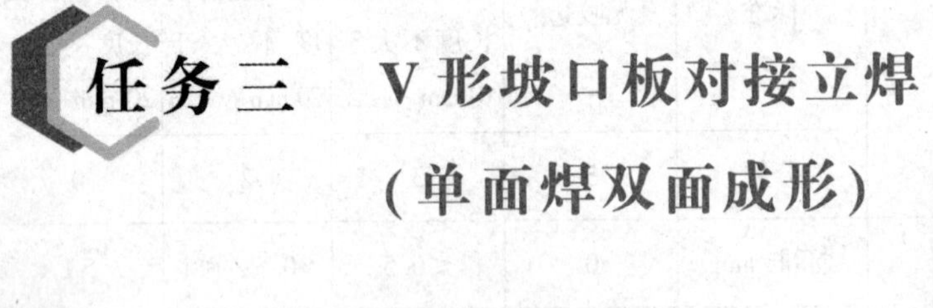

任务三 V 形坡口板对接立焊（单面焊双面成形）

6 mm 钢板 V 形坡口板对接立焊

任务描述

完成图 2-3-7 所示的低碳钢 V 形坡口板对接立焊焊件。

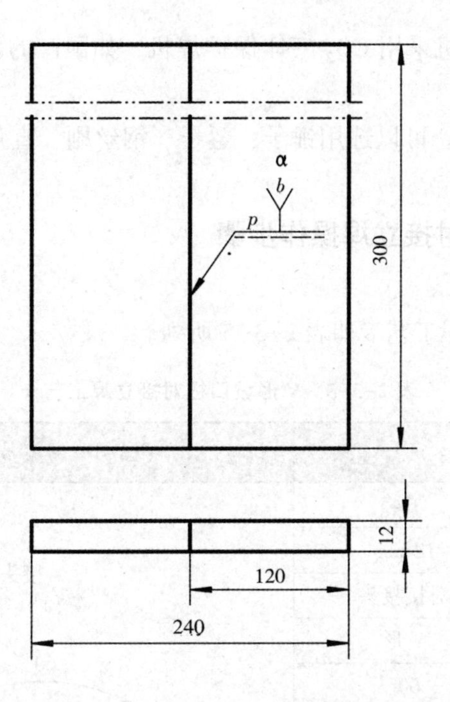

图 2-3-7　V 形坡口板对接立焊焊件图纸

技术要求

（1）焊接方法采用半自动 CO_2 气体保护焊。

（2）试件材质为 Q345，两块焊件尺寸为（300×120×12）mm。

（3）接头形式为板板对接接头，焊接位置为立位。

（4）根部间隙为 2.0~3.0 mm，坡口角度为 60°±5°，钝边为 1.0~1.5 mm。

（5）要求单面焊双面成形，焊缝表面无缺陷，焊缝波纹均匀、宽窄一致、高低平整，焊缝与母材圆滑过渡，焊后无变形，具体要求参照评分标准。

任务实施

一、焊前准备

（1）焊接母材及焊材。本焊接任务采用 CO_2 气体保护方法焊接，选用母材型号为 Q345，使用与母材强度匹配的低碳钢焊丝（ER50-6 焊丝），直径为 1.2 mm。

（2）焊件尺寸。立对接接头采用两块钢板进行组对，板尺寸为（300×120×12）mm。

（3）坡口。应为 V 形坡口，坡口角度为 60°±5°。

（4）焊接场地。焊接工位面积应不小于 4 m^2，提供足够的采光，配有独立式空气净化单机或者统一的排烟除尘系统，并配有可调节前后、高低、方向的多功能焊接平台。

(5) 焊接设备。焊机采用 CO_2 气体保护焊机，如国产的北京时代 NB-350 型 CO_2 气体保护焊机等。

(6) 焊接辅助工具。可以选用锤子、錾子、钢丝刷、直角钢尺、焊缝检验尺、千分尺、角磨机等工具。

二、V 形坡口板对接立焊操作步骤

1. 识读焊接工艺卡

V 形坡口板对接立焊工艺卡如表 2-3-5 所列。

表 2-3-5　V 形坡口板对接立焊工艺卡

焊接工艺卡		编号：06
材料牌号	Q345	接头简图 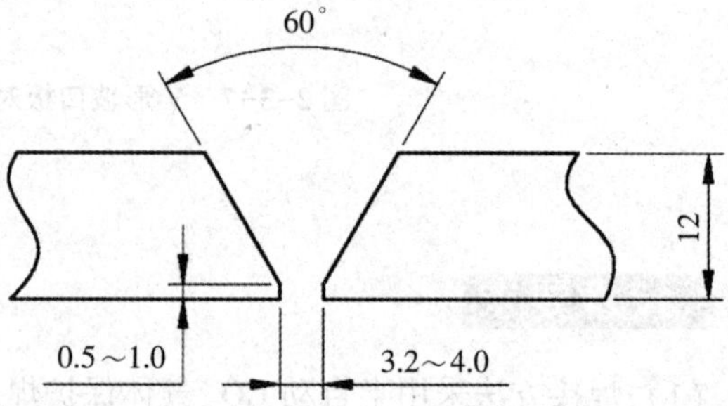
材料规格	12 mm	60°
接头种类	对接接头	12
坡口形式	V 形	0.5～1.0
坡口角度	60°	3.2～4.0
钝边	1.0~1.5 mm	
组对间隙	2~3 mm	
焊接方法	GMAW	
焊接设备	ML350	
电源种类	直流	
电源极性	反接	
焊接位置	3G	

焊接参数

焊层	焊材型号	焊材直径 /mm	焊接电流 /A	焊接电压 /V	保护气体流量 /（$L \cdot min^{-1}$）	焊丝伸出长度 /mm
打底层	ER50-6	ϕ1.2	100~120	18~20	12~15	12~18
填充层			120~130	19~21	12~15	12~18
盖面层			110~120	18~20	12~15	12~18

2. 清理焊件

用角磨机打磨母材表面，去除整体油污；着重打磨焊缝 20 mm 内区域，确保露出金属光泽，防止铁锈等氧化物的干扰。

3. 装配及定位焊

将两块试板夹在老虎钳上，用锉刀或者角磨机把工艺卡中的钝边打磨出来，如果使用不熟练，建议使用锉刀磨钝边，可以慢慢细致地打磨，防止破坏坡口形状。打磨好钝

边后，再将两块试板放置在焊接操作台上，保证两块试板在同一平面上，两端对齐，焊缝间隙控制在 2~3 mm。如果间隙过小，则焊缝背面成形不好；如果间隙过大，则容易焊漏。调整好间隙后，在焊缝的两侧分别进行定位，将定位焊的电流调整到 140 A 左右，略大于焊接电流。由于焊接过程中焊缝会收缩，所以末端的焊缝间隙应比起始段的焊缝间隙大，末端间隙采用 3 mm，起始段间隙采用 2 mm。定位焊的焊点要牢固，但不可过长，长度一般控制在 10 mm 以内，本任务要求学生定位焊长度为 10 mm。定位焊完成以后，需要对焊缝进行反变形处理，角度为 5°，保证在焊接完成后，两块板没有脚变形及错边现象。

4. 焊接

试板厚度为 12 mm，为了得到良好的焊缝成形，一般采用四层（即打底层、第一道填充层、第二道填充层和盖面层）焊接法。其中，打底层、填充层和盖面层的焊接方法和参数都不尽相同，下面将逐一进行介绍。

（1）打底焊。

12 mm 厚板开 V 形坡口对接焊的技术要求为单面焊双面成形。单面焊双面成形是焊接人员必须掌握的焊接技术，大多数焊接操作中都会用到这种打底焊方法。焊接人员只在一面进行焊接，就可以在正、反两面得到理想的焊缝成形。

想要完成焊缝的单面焊双面成形，最重要的方法就是控制焊缝间隙和调整好正确的焊接电流和焊接电压，除此之外，还需要焊接人员对焊接速度的掌握十分到位。焊接人员通过对熔孔的观察，掌握好焊接前进的速度，保证每个熔孔都能达到直径为2 mm 大小。过大的熔孔会造成背透过多，严重的会直接烧穿；熔孔过小会造成焊缝背透不足，或者未焊透。当焊接速度、焊接电压、焊接电流、焊缝间隙调整正确后，双面成形技术将很容易掌握。一名优秀、有经验的焊接人员可以根据焊缝的情况随机应变，达到单面焊双面成形的效果。如果试板的根部间隙过大，焊接人员可以通过断弧焊的方法来弥补；如果间隙过小，焊接人员可以重新对焊缝进行组对。

打底焊一般有两种摆动形式。第一种是直拉法，即焊接摆动只有一个方向，即朝焊缝行进方向前进，无须横向摆动，这种摆动方法适用于焊缝根部间隙小的情况。在这种情况下，如果进行横向摆动，很容易造成未焊透现象。第二种是有横向摆动打底焊方法。这种方法适用于根部间隙较大的焊缝，这种间隙的焊缝如果采用直拉法焊接，很容易造成穿丝，严重的会形成焊瘤。根部间隙越大，焊丝横向摆动的幅度也就越大。横向摆动的方法有很多，如锯齿法、反月牙法等。图 2-3-8 所示为反月牙法打底焊示意图。

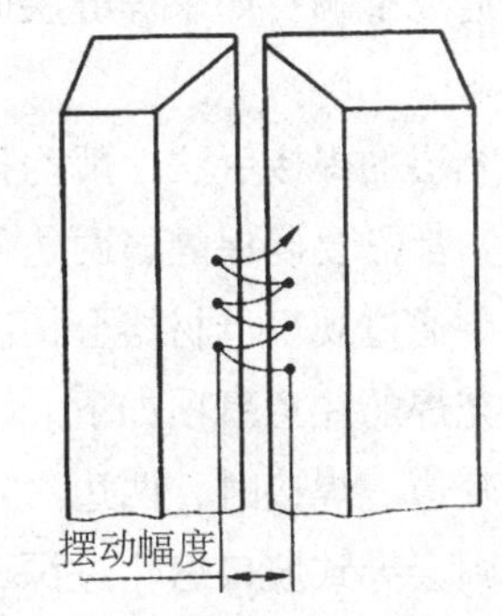

图 2-3-8　反月牙法打底焊示意图
（V 形坡口板对接立焊）

无论打底焊时采用什么样的焊接形式，都要保证打底焊成形为中间凹陷，这样才有利于进行接下来的填充焊和盖面焊。一般来说，打底焊的厚度为

3 mm 左右为最佳。

打底焊时，一定要注意以下要点。

①熔孔变化。随时根据熔孔的大小来调整焊接行进速度。

②焊枪稳定。焊接角度要保持稳定，焊枪相对于焊缝的位置保持不变，尽量减少抖动对焊缝成形的影响。

③放松心情。眼睛盯着焊缝，但不要过度紧张；要放松心情，接受失误，不要因为一点失误而影响整个焊接过程；随时调整焊接手法，尽量做到最好。

④调整好呼吸。调整好呼吸频率，使整个焊接过程保持平稳，身体不要有大的起伏，避免影响到手臂对焊枪的控制。

⑤焊枪角度。CO_2 气体保护焊的焊缝冷却速度是很快的，主要原因在于 CO_2 气体温度较低，有较强的冷却作用，所以焊缝金属凝固非常快，一般不会出现焊缝金属向下流动的情况。但是为了得到更好的焊缝成形，一般焊枪与焊缝成 45°~75°，利用电弧的推力，使焊缝成形更好。

⑥焊枪前进速度。焊枪的前进速度一定要稳定，摆幅也要一致。

总而言之，想要焊接成形好，除了将最基本的焊接参数调整好以外，最重要的就是保证焊接过程平稳，确保焊枪不要来回晃动，同时要增强对身体的控制力，以提高焊接水平。

（2）填充焊。

12 mm 厚板焊接中，填充焊需要有两层。如果采用一层填充焊的焊接方法，焊缝有如下缺点。

①焊接力学性能差。单层填充焊需要的焊接电流大、焊接速度慢，从而导致焊接热输入变大，使得焊缝的内部组织晶粒粗大，力学性能的表现为强度变大，但韧性和低温抗冲击性变弱。

②焊缝成形变差。采用单层填充方法焊接，会造成每一层焊缝电弧停留时间变长，很容易使焊缝的中间高、两边低，盖面层容易出现咬边和焊缝余高超高现象。

填充焊时一定要将层间温度控制在 150 ℃。如果焊缝层间温度过高，会对焊缝的力学性能造成影响；如果焊缝层间温度过低，又会降低焊接效率，且失去了对焊缝预热的作用。

填充层的焊接手法一般为摆动焊接，采用画圆法、反月牙法或锯齿法。无论采用哪种方法，都需要确保焊缝两边停留、中间不停留，两边停留的时间为 0.5 s 左右，时间长短主要通过观察母材熔合情况而定。

填充焊的注意事项如下。

①咬边。焊接时，两边一定要稍做停留，确保焊丝与母材熔合；但停留时间不要过长，否则会导致坡口熔化过深，形成内部咬边，不利于下一层焊接，容易造成缺陷。

②层间温度。控制好层间温度再进行焊接，可以得到力学性能最好的焊缝。

③身体保持稳定。保持身体稳定才能使焊枪稳定，这是焊接稳定的基础。

④焊枪角度。CO_2 气体保护焊的焊缝冷却速度是很快的，主要原因在于 CO_2 气体温度较低，有较强的冷却作用，所以焊缝金属凝固非常快，一般不会出现焊缝金属向下流动的情况。但是为了得到更好的焊缝成形，一般焊枪与焊缝成 70°~90°，利用电弧的推力，使焊缝成形更好。V 形坡口板对接立焊焊枪角度示意图如图 2-3-9 所示。

⑤焊缝两边停留，中间不停留。确保填充焊平整或者中间略微凹陷为最佳。

（3）盖面焊。

完成前三层焊接的焊缝应该是一个呈平面或者略微凹陷的焊缝，焊缝表面距离母材表面为 1 mm 左右。如果预留尺寸过大，则盖面焊后容易出现咬边或未焊满现象；如果预留尺寸过小，则容易出现焊缝余高超高缺陷。

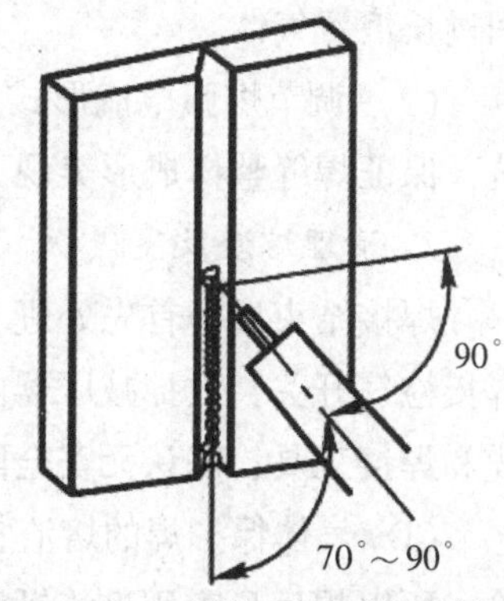

图 2-3-9　V 形坡口板对接立焊焊枪角度示意图

盖面焊一般采用锯齿形焊接方法，焊接人员一定要观察坡口两边，焊丝到边后停留0.5 s，中间不停留，停留时间还需要根据填充层和母材表面的深度进行调整。

盖面焊的注意事项如下。

①余高。焊接人员一定要根据实际情况，调整焊接速度和焊接电流，确保焊缝余高在1~2 mm。过高的余高会造成应力集中，不利于焊缝的使用。

②咬边。焊接操作中经常会出现咬边缺陷，咬边会造成焊缝的力学性能下降。焊接电流过大、焊接速度过慢都会造成咬边现象，需要焊接人员多加练习，予以控制。

③成形。焊缝的成形主要决定于盖面的成形，但是如果填充焊得到的焊缝不平或者凸起，那么盖面焊很难得到好的成形焊缝。所以焊缝成形要从基础练起，从多方控制。

④焊枪角度。CO_2 气体保护焊的焊缝冷却速度是很快的，主要原因在于 CO_2 气体温度较低，有较强的冷却作用，所以焊缝金属凝固非常快，一般不会出现焊缝金属向下流动的情况。但是为了得到更好的焊缝成形，一般焊枪与焊缝成 70°~90°，利用电弧的推力，使焊缝成形更好。

⑤看清坡口线。焊接人员在盖面焊时，一定要看清楚坡口边线位置，电弧到达边线即停，保证焊缝平直、美观。

5. 接头

在整个 CO_2 气体保护焊的焊接过程中，要尽量一次完成焊接焊缝的整个过程，不要出现接头现象。接头会对焊缝的力学性能产生影响，并且极大地影响成形美观。当出现断弧或者焊缝过长无法一次焊完时，可以先用工具（如锉刀、刨锤及角磨机）对焊缝进行打磨，打磨出一个小斜坡；接头焊接时，起弧点就在打磨出的小斜坡正中间；起弧后，慢慢前移，逐渐填满斜坡，继续完成焊接。

6. 熄弧

当焊接到达终点时，松开焊枪按钮，但不要立即抬起焊枪，让焊嘴在熄弧点位置继续停留 3~5 s，这时焊枪会继续喷出 CO_2 保护气体。这些气体会对焊缝进行持续保护，以防止焊接缺陷的产生。

为了得到好的熄弧点成形，可以对焊机进行如下设置。

（1）调节滞后送气时间。滞后送气时间设置为 3~5 s，时间过短保护效果不好，时间过长浪费气体。

（2）调节熄弧电流形式。熄弧电流设置为电流逐渐变小，这样熄弧电流会填满弧坑，保证焊缝整体成形美观。

7. 清理熔渣及飞溅物

焊接结束后，首先处理 CO_2 气瓶，关闭气瓶阀门；点动焊枪按钮或弧焊电源面板焊接检气开关，放掉减压器内的多余气体；关闭焊接电源，清扫焊接工位，规整焊接电缆和焊接工具，确认无安全隐患。

CO_2 气体保护焊的熔渣相比于焊条电弧焊的熔渣要少得多，表面只有少量物质待清除，所以焊后只需用敲渣锤清除熔渣，用钢丝刷进一步将熔渣、焊接飞溅物等清除干净即可。值得注意的是，CO_2 气体保护焊产生飞溅物的量较多，飞溅的距离也比较大，所以不仅要清理焊道上的飞溅物，而且要将试板其他位置的飞溅物用扁铲清理干净，同时要保证不伤到母材表面。

三、注意事项

（1）定位焊需采用与正式焊接相同的焊接方法，并且保证定位点焊透，所以定位焊的焊接电流需要比正式焊的焊接电流稍大。

（2）由于焊接是一个热循环过程，因此随着焊件的温度变化，焊缝会产生一定的变形。如果焊件是刚性固定在操作台上，则只需保证焊缝间隙一致即可；但如果焊接是自由放置在操作台上，无刚性约束，则需在装配焊件时，使焊件末端焊缝间隙比焊件施焊端焊缝间隙稍微大 0.5~1.0 mm，给焊缝收缩留有空间。

（3）如果焊件的装配过程十分精细，焊缝间隙控制得当，则焊接人员操作过程中一定要保持焊接姿势一致、焊接角度不变，以此来保证焊缝成形良好、美观。但如果装配精度不够，则需焊接人员在焊接过程中仔细观察焊缝的熔孔变化，并根据熔孔的大小随时调整焊接速度、焊枪角度及焊枪摆动情况，从而得到想要的焊缝成形。

（4）CO_2 气体保护焊的焊接效果除了和焊接人员的操作水平有关外，还和焊接参数的选用有着十分重要的关系。如果焊接电流、电压匹配不好，则焊缝成形不好、焊接飞溅很大。所以，焊接人员一定要根据焊接工艺卡调整好焊接参数。焊接参数不是一成不变的，焊接人员可以根据实际情况调整。由于每台焊机年限不同、生产工艺不同、型号不同，焊接电流准确度也不同；或者由于电缆长度不同，焊接电流大小也不尽相同，因此焊接人员的临场调整能力显得十分重要。

四、评分标准

V 形坡口板对接立焊评分标准如表 2-3-6 所列。

表 2-3-6　V 形坡口板对接立焊评分标准

试件编号			评分人			合计得分		
检查项目		标准分数	焊缝等级				测量数值	实际得分
			Ⅰ	Ⅱ	Ⅲ	Ⅳ		
正面	焊缝余高	标准/mm	>0，≤2	>2，≤3	>3，≤4	>4，<0		
		分数	5	3	2	0		
	焊缝高低差	标准/mm	≤1	>1，≤2	>2，≤3	>3		
		分数	2.5	1.5	1	0		
	焊缝宽度	标准/mm	>15，≤16	>16，≤17	>17，≤18	>18，<15		
		分数	5	3	2	0		
	焊缝宽窄差	标准/mm	≤1.5	>1.5，≤2	>2，≤3	>3		
		分数	2.5	1.5	1			
	咬边	标准	无咬边	深度小于 0.5 mm，且长度不大于 10 mm	深度小于 0.5 mm，长度不大于 20 mm	深度大于 0.5 mm 或长度大于 20 mm		
		分数	5	3	2	0		
	错变量	标准/mm	0	≤0.5	>0.5，≤1	>1		
		分数	5	3	2	0		
	角变形	标准/mm	0~1	>1，≤3	>3，≤5	>5		
		分数	5	3	2	0		
	表面成形	标准	优	良	一般	差		
		分数	10	6	4	0		
反面	焊缝高度	高度在 0 ~ 3 mm，得 5 分		高度大于 3 mm 或小于 0 mm，得 0 分				
	咬边	无咬边，得 5 分		有咬边，得 0 分				
	凹陷	无内凹，得 10 分		深度不大于 0.5 mm，每 2 mm 长扣 0.5 分（最多扣 10 分）；深度大于 0.5 mm，得 0 分				

表 2-3-6（续）

检查项目	标准分数	焊缝等级				测量数值	实际得分
		Ⅰ	Ⅱ	Ⅲ	Ⅳ		
焊缝内部质量检验	标准（依据 GB/T 3323.1—2019《焊缝无损检测　射线检测》）	Ⅰ级片无缺陷/有缺陷	Ⅱ级片	Ⅲ级片	Ⅳ级片		
	分数	40/35	30	20	0		

注：从开始引弧计时，该工件在 60 min 内完成；每超出 1 min，从总分中扣 2.5 分。试件焊接未完成，表面修补及焊缝正、反两面有裂纹、夹渣、气孔、未熔合、未焊透缺陷，该工件做 0 分处理。

任务四　V 形坡口板对接横焊（单面焊双面成形）

6 mm 钢板 V 形坡口板对接横焊

任务描述

完成图 2-3-10 所示的低碳钢 V 形坡口板对接横焊焊件。

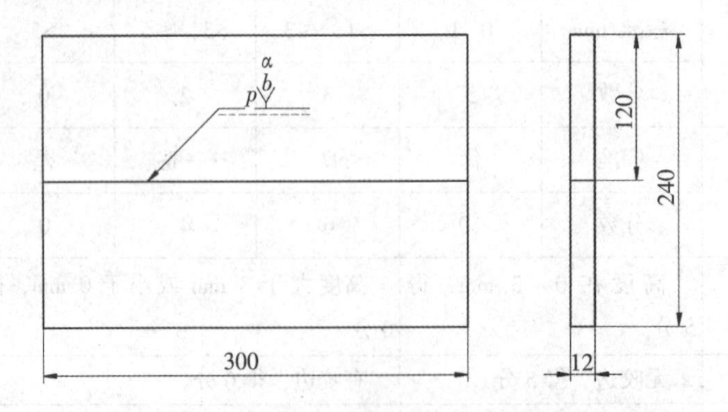

图 2-3-10　V 形坡口板对接横焊焊件图纸

技术要求

（1）焊接方法采用半自动 CO_2 气体保护焊。

（2）试件材质为 Q345，两块焊件尺寸为（300×120×12）mm。

（3）接头形式为板板对接接头，焊接位置为横位。

（4）根部间隙为 2.0~3.0 mm，坡口角度为 60°±5°，钝边为 1.0~1.5 mm。

（5）要求单面焊双面成形，焊缝表面无缺陷，焊缝波纹均匀、宽窄一致、高低平整，焊缝与母材圆滑过渡，焊后无变形，具体要求参照评分标准。

任务实施

一、焊前准备

（1）焊接母材及焊材。本项焊接任务采用 CO_2 气体保护方法焊接，选用母材型号为 Q345，使用与母材强度匹配的低碳钢焊丝（ER50-6 焊丝），直径为 1.2 mm。

（2）焊件尺寸。横对接接头采用两块钢板进行组对，板尺寸为（300×120×12）mm。

（3）坡口。应为 V 形坡口，坡口角度为 60°±5°。

（4）焊接场地。焊接工位面积应不小于 4 m^2，提供足够的采光，配有独立式空气净化单机或者统一的排烟除尘系统，并配有可调节前后、高低、方向的多功能焊接平台。

（5）焊接设备。焊机采用 CO_2 气体保护焊机，如国产的北京时代 NB-350 型 CO_2 气体保护焊机等。

（6）焊接辅助工具。可以选用锤子、錾子、钢丝刷、直角钢尺、焊缝检验尺、千分尺、角磨机等工具。

二、V 形坡口板对接横焊操作步骤

1. 识读焊接工艺卡

V 形坡口板对接横焊工艺卡如表 2-3-7 所列。

表 2-3-7　V 形坡口板对接横焊工艺卡

焊接工艺卡		编号：07
材料牌号	Q345	接头简图 60° 12 0.5～1.0 3.2～4.0
材料规格	12 mm	
接头种类	对接接头	
坡口形式	V 形	
坡口角度	60°	
钝边	1.0～1.5 mm	
组对间隙	2～3 mm	
焊接方法	GMAW	
焊接设备	ML350	
电源种类	直流	
电源极性	反接	
焊接位置	2G	

焊接参数

焊层	焊材型号	焊材直径/mm	焊接电流/A	焊接电压/V	保护气体流量/（L·min^{-1}）	焊丝伸出长度/mm
打底层			100～110	18～20	12～15	12～18
填充层	ER50-6	ϕ1.2	110～120	20～22	12～15	12～18
盖面层			130～150	22～24	12～15	12～18

2. 清理焊件

用角磨机打磨母材表面，去除整体油污；着重打磨焊缝 20 mm 内区域，确保露出金属光泽，防止铁锈等氧化物的干扰。

3. 装配及定位焊

将两块试板夹在老虎钳上，用锉刀或者角磨机把工艺卡中的钝边打磨出来，如果使用不熟练，建议开始使用锉刀磨钝边，可以慢慢细致地打磨，防止破坏坡口形状。打磨好钝边后，再将两块试板放置在焊接操作台上，保证两块试板在同一平面上，两端对齐，焊缝间隙控制在 2～3 mm。如果间隙过小，则焊缝背面成形不好；如果间隙过大，则容易焊漏。调整好间隙后，在焊缝的两侧分别进行定位，将定位焊的电流调整到

140 A左右，略大于焊接电流。由于焊接过程中焊缝会收缩，所以末端的焊缝间隙应比起始段的焊缝间隙大，末端间隙采用 3 mm，起始段间隙采用 2 mm。定位焊的焊点要牢固，但不可过长，长度一般控制在 10 mm 以内，本任务要求学生定位焊长度为 10 mm。定位焊完成以后，需要对焊缝进行反变形处理，角度为 5°，保证在焊接完成后，两块板没有脚变形及错边现象。

4. 焊接

试板厚度为 12 mm，为了得到良好的焊缝成形，一般采用四层（即打底层、第一填充层、第二道填充层和盖面层）八道焊接法。其中，打底层、第一填充层各一道焊缝，第二填充层两道焊缝，盖面层四道焊缝。每一层的焊接方法和参数都不尽相同，下面将逐一进行介绍。

（1）打底焊。

12 mm 厚板开 V 形坡口对接焊的技术要求为单面焊双面成形。单面焊双面成形是焊接人员必须掌握的焊接技术，大多数焊接操作中都会用到这种打底焊方法。焊接人员只在一面进行焊接，就可以在正、反两面得到理想的焊缝成形。

想要完成焊缝的单面焊双面成形，最重要的方法就是控制焊缝间隙和调整好正确的焊接电流和焊接电压，除此之外，还需要焊接人员对焊接速度的掌握十分到位。焊接人员通过对熔孔的观察，掌握好焊接前进的速度，保证每个熔孔都能达到直径为 2 mm 大小。过大的熔孔会造成背透过多，严重的会直接烧穿；熔孔过小会造成焊缝背透不足，或者未焊透。当焊接速度、焊接电压、焊接电流、焊缝间隙调整正确后，双面成形技术将很容易掌握。一名优秀、有经验的焊接人员可以根据焊缝的情况随机应变，达到单面焊双面成形的效果。如果试板的根部间隙过大，焊接人员可以通过断弧焊的方法来弥补；如果间隙过小，焊接人员可以重新对焊缝进行组对。

打底焊一般有两种摆动形式。第一种是直拉法，即焊接摆动只有一个方向，即朝焊缝行进方向前进，无须横向摆动。这种摆动方法适用于焊缝根部间隙小的情况。在这种情况下，如果进行横向摆动，很容易造成未焊透现象。第二种是往复式摆动打底焊方法。往复式焊接法适用于根部间隙较大的焊缝，这种间隙的焊缝如果采用直拉法焊接，很容易造成穿丝，严重的会形成焊瘤。根部间隙越大，焊丝横向摆动的幅度也就越大，并且往复式能较好地克服重力因素，防止铁水向下流动。

无论打底焊时采用什么焊接形式，都要保证打底焊成形为中间凹陷，这样才有利于进行接下来的填充焊和盖面焊。一般来说，打底焊的厚度为 3 mm 左右为最佳。

打底焊时，一定要注意以下要点。

①熔孔变化。随时根据熔孔的大小来调整焊接行进速度。

②焊枪稳定。焊接角度要保持稳定，焊枪相对于焊缝的位置保持不变，尽量减少抖动对焊缝成形的影响。

③放松心情。眼睛盯着焊缝，但不要过度紧张，要放松心情，接受失误，不要因为一点失误而影响整个焊接过程；随时调整焊接手法，尽量做到最好。

④调整好呼吸。调整好呼吸频率，使整个焊接过程保持平稳，身体不要有大的起伏，避免影响到手臂对焊枪的控制。

⑤焊枪角度。CO_2 气体保护焊的焊缝冷却速度是很快的，主要原因在于 CO_2 气体温度较低，有较强的冷却作用，所以焊缝金属凝固非常快，一般不会出现焊缝金属向下流动的情况。但是横焊由于没有任何母材作为支撑，并且焊缝很长，很容易下塌，成形不容易控制，因此焊枪角度需要调整，利用电弧的推力，使焊缝成形更好。横焊打底焊枪角度示意图如图 2-3-11 所示。

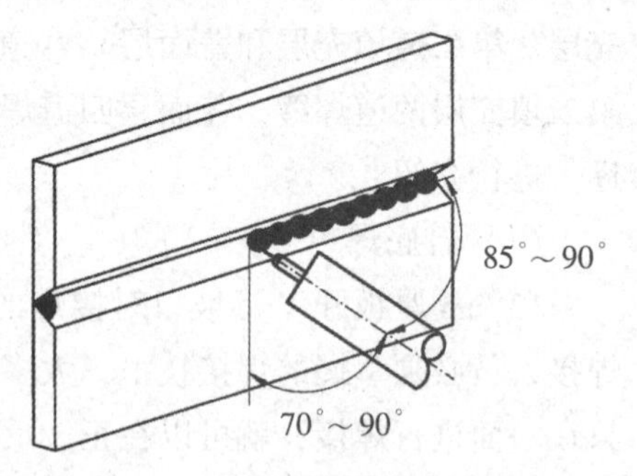

图 2-3-11 V 形坡口板对接横焊打底焊枪角度示意图

总而言之，想要焊接成形好，除了最基本的焊接参数调整好以外，最重要的就是保证焊接过程平稳，确保焊枪不要来回晃动，同时要增强对身体的控制力，以提高焊接水平。

(2) 填充焊。

12 mm 厚板焊接中，填充焊需要有两层。如果采用一层填充焊的焊接方法，焊缝有如下缺点。

①焊接力学性能差。单层填充焊，需要的焊接电流大、焊接速度慢，从而导致焊接热输入变大，使得焊缝的内部组织晶粒粗大，力学性能的表现为强度变大，但韧性和低温抗冲击性变弱。

②焊缝成形变差。采用单层填充方法焊接，会造成每一层焊缝电弧停留时间变长，很容易使焊缝的中间高、两边低，盖面层容易出现咬边和焊缝余高超高现象。

填充焊时一定要将层间温度控制在 150 ℃。如果焊缝层间温度过高，会对焊缝的力学性能造成影响；如果焊缝层间温度过低，又会降低焊接效率，且失去了对焊缝预热的作用。

横焊填充焊的运丝方法为直拉法，不进行横向的摆动。因为横焊如果速度慢，焊缝会由于重力的因素，导致铁水向下流动、焊缝成形不美观，不利于下一道焊缝的焊接。尤其是第二层填充焊时，需要进行两道焊接：第一道焊缝压着坡口下边缘焊接，利用坡口的限制，尽可能地减小铁水向下流动倾向；第二道焊缝要以第一道焊缝的最高点为依托，其铁水正好熔合到第一道焊缝的最高点处，形成一层平整的焊缝。横焊填充方法示意图如图 2-3-12 所示。

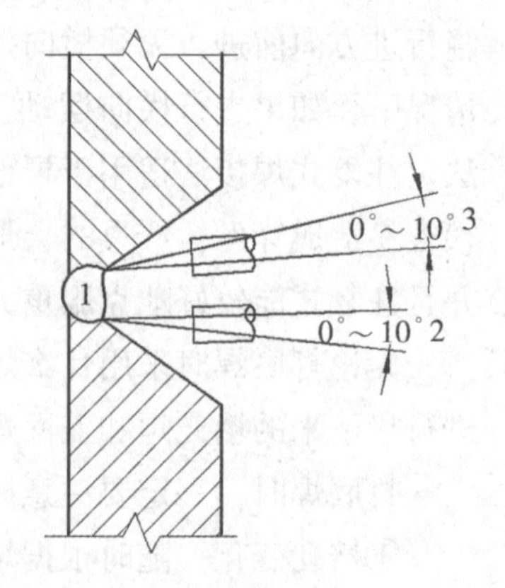

图 2-3-12 横焊填充方法示意图

填充焊的注意事项如下。

①焊缝形状。掌握好焊接速度，控制好铁水向下流动程度，保证填充焊缝平整。

②层间温度。控制好层间温度再进行焊接，可以得到力学性能最好的焊缝。

③身体保持稳定。保持身体稳定才能使焊枪稳定，这是焊接稳定的基础。

④焊枪角度。CO_2 气体保护焊的焊缝冷却速度是很快的，主要原因在于 CO_2 气体温度较低，有较强的冷却作用，所以焊缝金属凝固非常快，一般不会出现焊缝金属向下流动的情况。但是横焊由于没有任何母材作为支撑，并且焊缝很长，很容易下塌，成形不容易控制，因此焊枪角度需要调整，利用电弧的推力，使焊缝成形更好。

（3）盖面焊。

完成前三层焊接的焊缝应该是一个呈平面或者略微凹陷的焊缝，焊缝表面距离母材表面为 1 mm 左右。如果预留尺寸过大，则盖面焊后容易出现咬边或未焊满现象；如果预留尺寸过小，则容易出现焊缝余高超高缺陷。

盖面焊将采用四道焊接法，其中最为重要的焊缝是第一道，它是整个盖面焊的基础，其他三道焊缝依托于第一道焊缝，只有第一道焊缝平直，其他三道焊缝才会平直、美观。

盖面焊的注意事项如下。

①余高。焊接人员一定要根据实际情况，调整焊接速度和焊接电流，确保焊缝余高在1~2 mm。过高的余高会造成应力集中，不利于焊缝的使用。

②咬边。焊接操作中经常会出现咬边缺陷，咬边会造成焊缝的力学性能下降。焊接电流过大、焊接速度过慢都会造成咬边现象，需要焊接人员多加练习，予以控制。

③成形。焊缝的成形主要决定于盖面的成形，如果四道焊缝没有都压到上一道焊缝的最高点位置，那么焊缝表面就会出现沟槽或者凸起，这都是不合格的焊缝成形。可见，横焊的难度非常大。

5. 接头

在整个 CO_2 气体保护焊的焊接过程中，要尽量一次完成焊接焊缝的整个过程，不要出现接头现象。接头会对焊缝的力学性能产生影响，并且极大地影响成形美观。当出现断弧或者焊缝过长无法一次焊完时，可以先用工具（如锉刀、刨锤及角磨机）对焊缝进行打磨，打磨出一个小斜坡；接头焊接时，起弧点就在打磨出的小斜坡正中间；起弧后，慢慢前移，逐渐填满斜坡，继续完成焊接。

6. 熄弧

当焊接到达终点时，松开焊枪按钮，但不要立即抬起焊枪，让焊嘴继续在熄弧点位置停留 3~5 s，这时焊枪会继续喷出 CO_2 保护气体。这些气体会对焊缝进行持续保护，以防止焊接缺陷的产生。

为了得到好的熄弧点成形，可以对焊机进行如下设置。

（1）调节滞后送气时间。滞后送气时间设置为 3~5 s，时间过短保护效果不好，时间过长浪费气体。

（2）调节熄弧电流形式。熄弧电流设置为电流逐渐变小，这样熄弧电流会填满弧坑，保证焊缝整体成形美观。

7. 清理熔渣及飞溅物

焊接结束后，首先处理 CO_2 气瓶，关闭气瓶阀门；点动焊枪按钮或弧焊电源面板焊接检气开关，放掉减压器内的多余气体；最后关闭焊接电源，清扫焊接工位，规整焊接电缆和焊接工具，确认无安全隐患。

CO_2 气体保护焊的熔渣相比于焊条电弧焊的熔渣要少得多，表面只有少量物质待清除，所以焊后只需用敲渣锤清除熔渣，用钢丝刷进一步将熔渣、焊接飞溅物等清除干净即可。值得注意的是，CO_2 气体保护焊产生飞溅物的量较多，飞溅的距离也比较大，所以不仅要清理焊道上的飞溅物，而且要将试板其他位置的飞溅物用扁铲清理干净，同时要保证不伤到母材表面。

三、注意事项

（1）定位焊需采用与正式焊接相同的焊接方法，并且保证定位点焊透，所以定位焊的焊接电流需要比正式焊的焊接电流稍大。

（2）由于焊接是一个热循环过程，因此随着焊件的温度变化，焊缝会产生一定的变形。如果焊件是刚性固定在操作台上，则只需保证焊缝间隙一致即可；但如果焊接是自由放置在操作台上，无刚性约束，则需在装配焊件时，使焊件末端焊缝间隙比焊件施焊端焊缝间隙稍微大 0.5~1.0 mm，给焊缝收缩留有空间。

（3）如果焊件的装配过程十分精细，焊缝间隙控制得当，则焊接人员操作过程中一定要保持焊接姿势一致、焊接角度不变，以此来保证焊缝成形良好、美观。但如果装配精度不够，则需焊接人员在焊接过程中仔细观察焊缝的熔孔变化，并根据熔孔的大小随时调整焊接速度、焊枪角度及焊枪摆动情况，从而得到想要的焊缝成形。

（4）CO_2 气体保护焊的焊接效果除了和焊接人员的操作水平有关外，还和焊接参数的选用有着十分重要的关系。如果焊接电流、电压匹配不好，则焊缝成形不好、焊接飞溅很大。所以，焊接人员一定要根据焊接工艺卡调整好焊接参数。焊接参数不是一成不变的，焊接人员可以根据实际情况调整。由于每台焊机年限不同、生产工艺不同、型号不同，焊接电流准确度也不同；或者由于电缆长度不同，焊接电流大小也不尽相同，因此焊接人员的临场调整能力显得十分重要。

四、评分标准

V 形坡口板对接横焊评分标准如表 2-3-8 所列。

表 2-3-8　V 形坡口板对接横焊评分标准

试件编号			评分人			合计得分		
检查项目		标准分数	焊缝等级				测量数值	实际得分
			Ⅰ	Ⅱ	Ⅲ	Ⅳ		
正面	焊缝余高	标准/mm	>0，≤1.5	>1.5，≤2	>2.5，≤3	>3，<0		
		分数	5	3	2	0		
	焊缝高低差	标准/mm	≤1	>1，≤2	>2，≤3	>3		
		分数	2.5	1.5	1	0		
	焊缝宽度	标准/mm	>15，≤16	>16，≤17	>17，≤18	>18，<15		
		分数	5	3	2	0		
	焊缝宽窄差	标准/mm	≤1.5	>1.5，≤2	>2，≤3	>3		
		分数	2.5	1.5	1	0		
	咬边	标准	无咬边	深度小于 0.5 mm，且长度不大于 10 mm	深度小于 0.5 mm，长度不大于 20 mm	深度大于 0.5 mm 或长度大于 20 mm		
		分数	5	3	2	0		
	错变量	标准/mm	0	≤0.5	>0.5，≤1	>1		
		分数	5	3	2	0		
	角变形	标准/mm	0~1	>1，≤3	>3，≤5	>5		
		分数	5	3	2	0		
	表面成形	标准	优	良	一般	差		
		分数	10	6	4	0		
反面	焊缝高度	高度在 0 ~ 3 mm，得 5 分			高度大于 3 mm 或小于 0 mm，得 0 分			
	咬边	无咬边，得 5 分			有咬边，得 0 分			
	凹陷	无内凹，得 10 分			深度不大于 0.5 mm，每 2 mm 长扣 0.5 分（最多扣 10 分）；深度大于 0.5 mm，得 0 分			

表 2-3-8（续）

检查项目	标准分数	焊缝等级				测量数值	实际得分
		Ⅰ	Ⅱ	Ⅲ	Ⅳ		
焊缝内部质量检验	标准（依据 GB/T 3323.1—2019《焊缝无损检测 射线检测》）	Ⅰ级片无缺陷/有缺陷	Ⅱ级片	Ⅲ级片	Ⅳ级片		
	分数	40/35	30	20	0		

注：从开始引弧计时，该工件在 60 min 内完成；每超出 1 min，从总分中扣 2.5 分。试件焊接未完成，表面修补及焊缝正、反两面有裂纹、夹渣、气孔、未熔合、未焊透缺陷，该工件做 0 分处理。

任务五 V 形坡口板对接仰焊（单面焊双面成形）

6 mm 钢板 V 形坡口板对接仰焊

完成图 2-3-13 所示的低碳钢 V 形坡口板对接仰焊焊件。

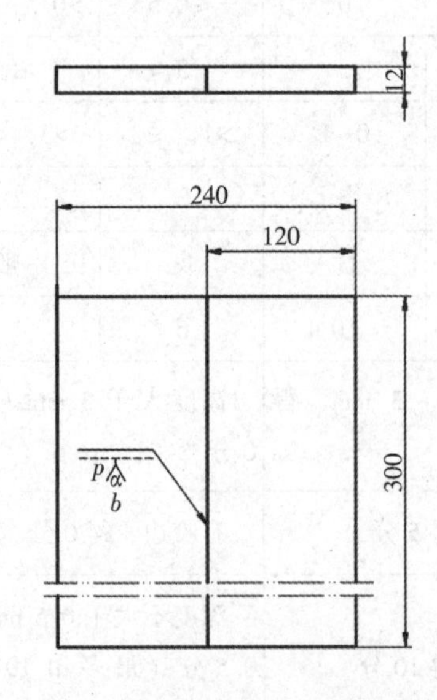

图 2-3-13 V 形坡口板对接仰焊焊件图纸

技术要求

（1）焊接方法采用半自动 CO_2 气体保护焊。

（2）试件材质为 Q345，两块焊件尺寸为（300×120×12）mm。

（3）接头形式为板板对接接头，焊接位置为仰位。

（4）根部间隙为 2.0~3.0 mm，坡口角度为 60°±5°，钝边为 1.0~1.5 mm。

（5）要求单面焊双面成形，焊缝表面无缺陷，焊缝波纹均匀、宽窄一致、高低平整，焊缝与母材圆滑过渡，焊后无变形，具体要求参照评分标准。

任务实施

一、焊前准备

（1）焊接母材及焊材。本项焊接任务采用 CO_2 气体保护方法焊接，选用母材型号为 Q345，使用与母材强度匹配的低碳钢焊丝（ER50-6 焊丝），直径为 1.2 mm。

（2）焊件尺寸。仰对接接头采用两块钢板进行组对，板尺寸为（300×120×12）mm。

（3）坡口。应为 V 形坡口，坡口角度为 60°±5°。

（4）焊接场地。焊接工位面积应不小于 4 m^2，提供足够的采光，配有独立式空气净化单机或者统一的排烟除尘系统，并配有可调节前后、高低、方向的多功能焊接平台。

（5）焊接设备。焊机采用 CO_2 气体保护焊机，如国产的北京时代 NB-350 型 CO_2 气体保护焊机等。

（6）焊接辅助工具。可以选用锤子、錾子、钢丝刷、直角钢尺、焊缝检验尺、千分尺、角磨机等工具。

二、V 形坡口板对接仰焊操作步骤

1. 识读焊接工艺卡

V 形坡口板对接仰焊工艺卡如表 2-3-9 所列。

表 2-3-9　V 形坡口板对接仰焊工艺卡

焊接工艺卡		编号：08
材料牌号	Q345	接头简图 60° 12 0.5～1.0 3.2～4.0
材料规格	12 mm	
接头种类	对接接头	
坡口形式	V 形	
坡口角度	60°	
钝边	1.0~1.5 mm	
组对间隙	2~3 mm	
焊接方法	GMAW	
焊接设备	ML350	
电源种类	直流	
电源极性	反接	
焊接位置	4G	

焊接参数

焊层	焊材型号	焊材直径/mm	焊接电流/A	焊接电压/V	保护气体流量/（$L \cdot min^{-1}$）	焊丝伸出长度/mm
打底层	ER50-6	ϕ1.2	90~100	18~20	15~20	12~18
填充层			130~50	20~22	15~20	12~18
盖面层			120~140	20~22	15~20	12~18

2. 清理焊件

用角磨机打磨母材表面，去除整体油污；着重打磨焊缝 20 mm 内区域，确保露出金属光泽，防止铁锈等氧化物的干扰。

3. 装配及定位焊

将两块试板夹在老虎钳上，用锉刀或者角磨机把工艺卡中的钝边打磨出来，如果使用不熟练，建议开始使用锉刀磨钝边，可以慢慢细致地打磨，防止破坏坡口形状。打磨好钝边后，再将两块试板放置在焊接操作台上，保证两块试板在同一平面上，两端对齐，焊缝间隙控制在 2~3 mm。如果间隙过小，则焊缝背面成形不好；如果间隙过大，

则容易焊漏。调整好间隙后，在焊缝的两侧分别进行定位，将定位焊的电流调整到140 A左右，略大于焊接电流。由于焊接过程中焊缝会收缩，所以末端的焊缝间隙应比起始段的焊缝间隙大，末端间隙采用3 mm，起始段间隙采用2 mm。定位焊的焊点要牢固，但不可过长，长度一般控制在10 mm以内，本任务要求学生定位焊长度为10 mm。定位焊完成以后，需要对焊缝进行反变形处理，角度为5°，保证在焊接完成后，两块板没有脚变形及错边现象。

4. 焊接

试板厚度为12 mm，为了得到良好的焊缝成形，一般采用四层（即打底层、第一道填充层、第二道填充层和盖面层）焊接法。其中，打底层、填充层和盖面层的焊接方法和参数都不尽相同，下面将逐一进行介绍。

（1）打底焊。

12 mm厚板开V形坡口对接焊的技术要求为单面焊双面成形。单面焊双面成形是焊接人员必须掌握的焊接技术，大多数焊接操作中都会用到这种打底焊方法。焊接人员只在一面进行焊接，就可以在正、反两面得到理想的焊缝成形。

想要完成焊缝的单面焊双面成形，最重要的方法就是控制焊缝间隙和调整好正确的焊接电流和焊接电压，除此之外，还需要焊接人员对焊接速度的掌握十分到位。焊接人员通过对熔孔的观察，掌握好焊接前进的速度，保证每个熔孔都能达到直径为2 mm大小。过大的熔孔会造成背透过多，严重的会直接烧穿；熔孔过小会造成焊缝背透不足，或者未焊透。当焊接速度、焊接电压、焊接电流、焊缝间隙调整正确后，双面成形技术将很容易掌握。一名优秀、有经验的焊接人员可以根据焊缝的情况随机应变，达到单面焊双面成形的效果。如果试板的根部间隙过大，焊接人员可以通过断弧焊的方法来弥补；如果间隙过小，焊接人员可以重新对焊缝进行组对。

打底焊一般有两种摆动形式。第一种是直拉法，即焊接摆动只有一个方向，即朝焊缝行进方向前进，无须横向摆动。这种摆动方法适用于焊缝根部间隙小的情况。在这种情况下，如果进行横向摆动，很容易造成未焊透现象。第二种是有横向摆动打底焊方法。这种方法适用于根部间隙较大的焊缝，这种间隙的焊缝如果采用直拉法焊接，很容易造成穿丝，严重的会形成焊瘤。根部间隙越大，焊丝横向摆动的幅度也就越大。横向摆动的方法有很多，如锯齿法、反月牙法等。

无论打底焊时采用什么样的焊接形式，都要保证打底焊成形为中间凹陷，这样才有利于进行接下来的填充焊和盖面焊。一般来说，打底焊的厚度为3 mm左右为最佳。

打底焊时，一定要注意以下要点。

①熔孔变化。随时根据熔孔的大小来调整焊接行进速度。

②焊枪稳定。焊接角度要保持稳定，焊枪相对于焊缝的位置保持不变，尽量减少抖动对焊缝成形的影响。

③放松心情。眼睛盯着焊缝，但不要过度紧张，要放松心情，接受失误，不要因为一点失误而影响整个焊接过程；随时调整焊接手法，尽量做到最好。

④调整好呼吸。调整好呼吸频率，使整个焊接过程保持平稳，身体不要有大的起伏，避免影响到手臂对焊枪的控制。

⑤焊枪角度。CO_2 气体保护焊的焊缝冷却速度是很快的，主要原因在于 CO_2 气体温度较低，有较强的冷却作用，所以焊缝金属凝固非常快，一般不会出现焊缝金属向下流动的情况。但是为了得到更好的焊缝成形，一般焊枪与焊缝成45°~75°，利用电弧的推力，使焊缝成形更好。V 形坡口板对接仰焊焊枪角度示意图如图 2-3-14 所示。

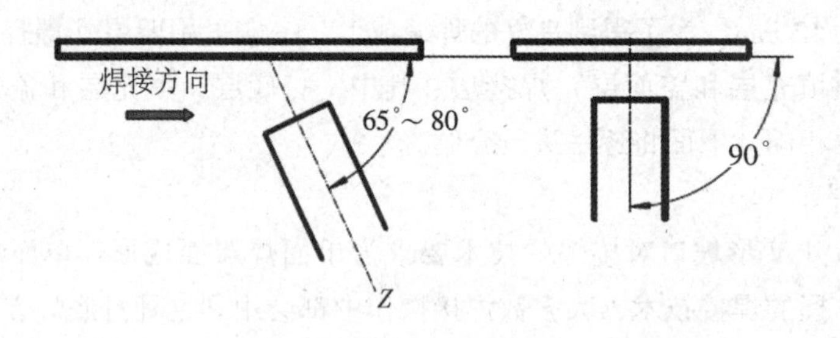

图 2-3-14　V 形坡口板对接仰焊焊枪角度示意图

⑥焊枪前进速度。焊枪的前进速度一定要稳定，摆幅也要一致。

总而言之，想要焊接成形好，除了将最基本的焊接参数调整好以外，最重要的就是保证焊接过程平稳，确保焊枪不要来回晃动，同时要增强对身体的控制力，以提高焊接水平。

（2）填充焊。

12 mm 厚板焊接中，填充焊需要有两层。如果采用一层填充焊的焊接方法，焊缝有如下缺点。

①焊接力学性能差。单层填充焊需要的焊接电流大、焊接速度慢，从而导致焊接热输入变大，使得焊缝的内部组织晶粒粗大，力学性能的表现为强度变大，但韧性和低温抗冲击性变弱。

②焊缝成形变差。采用单层填充方法焊接，会造成每一层焊缝电弧停留时间变长，很容易使焊缝的中间高、两边低，盖面层容易出现咬边和焊缝余高超高现象。

填充焊时一定要将层间温度控制在 150 ℃。如果焊缝层间温度过高，会对焊缝的力学性能造成影响；如果焊缝层间温度过低，又会降低焊接效率，且失去了对焊缝预热的作用。

填充层的焊接手法一般为摆动焊接，采用画圆法、反月牙法或锯齿法。无论采用哪种方法，都需要确保焊缝两边停留、中间不停留，两边停留的时间为 0.5 s 左右，时间长短主要通过观察母材熔合情况而定。

填充焊的注意事项如下。

①咬边。焊接时，两边一定要稍做停留，确保焊丝与母材熔合；但停留时间不要过

长，否则会导致坡口熔化过深，形成内部咬边，不利于下一层焊接，容易造成缺陷。

②层间温度。控制好层间温度再进行焊接，可以得到力学性能最好的焊缝。

③身体保持稳定。保持身体稳定才能使焊枪稳定，这是焊接稳定的基础。

④焊枪角度。CO_2 气体保护焊的焊缝冷却速度是很快的，主要原因在于 CO_2 气体温度较低，有较强的冷却作用，所以焊缝金属凝固非常快，一般不会出现焊缝金属向下流动的情况。但是为了得到更好的焊缝成形，一般焊枪与焊缝成 70°~90°，利用电弧的推力，使焊缝成形更好。

⑤焊缝两边停留，中间不停留。确保填充焊平整或者中间略微凹陷为最佳。

（3）盖面焊。

完成前三层焊接的焊缝应该是一个呈平面或者略微凹陷的焊缝，焊缝表面距离母材表面为 1 mm 左右。如果预留尺寸过大，则盖面焊后容易出现咬边或未焊满现象；如果预留尺寸过小，则容易出现焊缝余高超高缺陷。

盖面焊一般采用锯齿形焊接方法，焊接人员一定要观察坡口两边，焊丝到边后停留 0.5 s，中间不停留，停留时间还需要根据填充层和母材表面的深度进行调整。

盖面焊的注意事项如下。

①余高。焊接人员一定要根据实际情况，调整焊接速度和焊接电流，确保焊缝余高在1~2 mm。过高的余高会造成应力集中，不利于焊缝的使用。

②咬边。焊接操作中经常会出现咬边缺陷，咬边会造成焊缝的力学性能下降。焊接电流过大、焊接速度过慢都会造成咬边现象，需要焊接人员多加练习，予以控制。

③成形。焊缝的成形主要决定于盖面的成形，但是如果填充焊得到的焊缝不平或者凸起，那么盖面焊很难得到好的成形焊缝。所以焊缝成形要从基础练起，从多方控制。

④焊枪角度。CO_2 气体保护焊的焊缝冷却速度是很快的，主要原因在于 CO_2 气体温度较低，有较强的冷却作用，所以焊缝金属凝固非常快，一般不会出现焊缝金属向下流动的情况。但是为了得到更好的焊缝成形，一般焊枪与焊缝成 70°~90°，利用电弧的推力，使焊缝成形更好。

⑤看清坡口线。焊接人员在盖面焊时，一定要看清楚坡口边线位置，电弧到达边线即停，保证焊缝平直、美观。

5. 接头

在整个 CO_2 气体保护焊的焊接过程中，要尽量一次完成焊接焊缝的整个过程，不要出现接头现象。接头会对焊缝的力学性能产生影响，并且极大地影响成形美观。当出现断弧或者焊缝过长无法一次焊完时，可以先用工具（如锉刀、刨锤及角磨机）对焊缝进行打磨，打磨出一个小斜坡；接头焊接时，起弧点就在打磨出的小斜坡正中间；起弧后，慢慢前移，逐渐填满斜坡，继续完成焊接。

6. 熄弧

当焊接到达终点时，松开焊枪按钮，但不要立即抬起焊枪，让焊嘴继续在熄弧点位置停留 3~5 s，这时焊枪会继续喷出 CO_2 保护气体。这些气体会对焊缝进行持续保护，以防止焊接缺陷的产生。

为了得到好的熄弧点成形，可以对焊机进行如下设置。

(1) 调节滞后送气时间。滞后送气时间设置为3~5 s，时间过短保护效果不好，时间过长浪费气体。

(2) 调节熄弧电流形式。熄弧电流设置为电流逐渐变小，这样熄弧电流会填满弧坑，保证焊缝整体成形美观。

7. 清理熔渣及飞溅物

焊接结束后，首先处理CO_2气瓶，关闭气瓶阀门；点动焊枪按钮或弧焊电源面板焊接检气开关，放掉减压器内的多余气体；最后关闭焊接电源，清扫焊接工位，规整焊接电缆和焊接工具，确认无安全隐患。

CO_2气体保护焊的熔渣相比于焊条电弧焊的熔渣要少得多，表面只有少量物质待清除，所以焊后只需用敲渣锤清除熔渣，用钢丝刷进一步将熔渣、焊接飞溅物等清除干净即可。值得注意的是，CO_2气体保护焊产生飞溅物的量较多，飞溅的距离也比较大，所以不仅要清理焊道上的飞溅物，而且要将试板其他位置的飞溅物用扁铲清理干净，同时要保证不伤到母材表面。

三、注意事项

(1) 定位焊需采用与正式焊接相同的焊接方法，并且保证定位点焊透，所以定位焊的焊接电流需要比正式焊的焊接电流稍大。

(2) 由于焊接是一个热循环过程，因此随着焊件的温度变化，焊缝会产生一定的变形。如果焊件是刚性固定在操作台上，则只需保证焊缝间隙一致即可；但如果焊接是自由放置在操作台上，无刚性约束，则需在装配焊件时，焊件末端焊缝间隙比焊件施焊端焊缝间隙稍微大0.5~1.0 mm，给焊缝收缩留有空间。

(3) 如果焊件的装配过程十分精细，焊缝间隙控制得当，则焊接人员操作过程中一定要保持焊接姿势一致、焊接角度不变，以此来保证焊缝成形良好、美观。但如果装配精度不够，则需焊接人员在焊接过程中仔细观察焊缝的熔孔变化，并根据熔孔的大小随时调整焊接速度、焊枪角度及焊枪摆动情况，从而得到想要的焊缝成形。

(4) CO_2气体保护焊的焊接效果除了和焊接人员的操作水平有关外，还和焊接参数的选用有着十分重要的关系。如果焊接电流、电压匹配不好，则焊缝成形不好、焊接飞溅很大。所以，焊接人员一定要根据焊接工艺卡调整好焊接参数。焊接参数不是一成不变的，焊接人员可以根据实际情况调整。由于每台焊机年限不同、生产工艺不同、型号不同，焊接电流准确度也不同；或者由于电缆长度不同，焊接电流大小也不尽相同，因此焊接人员的临场调整能力显得十分重要。

(5) 仰焊时如果操作不当容易烫伤焊接人员，所以焊接人员在进行仰焊时，一定要穿戴好全套劳动保护用品。

四、评分标准

V形坡口板对接仰焊评分标准如表2-3-10所列。

表 2-3-10　V 形坡口板对接仰焊评分标准

试件编号			评分人			合计得分		
检查项目		标准分数	焊缝等级				测量数值	实际得分
			Ⅰ	Ⅱ	Ⅲ	Ⅳ		
正面	焊缝余高	标准/mm	>0，≤1.5	>1.5，≤2	>2.5，≤3	>3，<0		
		分数	5	3	2	0		
	焊缝高低差	标准/mm	≤1	>1，≤2	>2，≤3	>3		
		分数	2.5	1.5	1	0		
	焊缝宽度	标准/mm	>15，≤16	>16，≤17	>17，≤18	>18，<15		
		分数	5	3	2	0		
	焊缝宽窄差	标准/mm	≤1.5	>1.5，≤2	>2，≤3	>3		
		分数	2.5	1.5	1	0		
	咬边	标准	无咬边	深度小于0.5 mm，且长度不大于10 mm	深度小于0.5 mm，长度不大于20 mm	深度大于0.5 mm或长度大于20 mm		
		分数	5	3	2	0		
	错变量	标准/mm	0	≤0.5	>0.5，≤1	>1		
		分数	5	3	2	0		
	角变形	标准/mm	0~1	>1，≤3	>3，≤5	>5		
		分数	5	3	2	0		
	表面成形	标准	优	良	一般	差		
		分数	10	6	4	0		

表 2-3-10（续）

<table>
<tr><th colspan="2" rowspan="2">检查项目</th><th rowspan="2">标准分数</th><th colspan="4">焊缝等级</th><th rowspan="2">测量数值</th><th rowspan="2">实际得分</th></tr>
<tr><th>Ⅰ</th><th>Ⅱ</th><th>Ⅲ</th><th>Ⅳ</th></tr>
<tr><td rowspan="3">反面</td><td>焊缝高度</td><td colspan="2">高度在 0 ~ 3 mm，得5分</td><td colspan="3">高度大于 3 mm 或小于 0 mm，得0分</td><td></td><td></td></tr>
<tr><td>咬边</td><td colspan="2">无咬边，得5分</td><td colspan="3">有咬边，得0分</td><td></td><td></td></tr>
<tr><td>凹陷</td><td colspan="2">无内凹，得10分</td><td colspan="3">深度不大于 0.5 mm，每 2 mm 长扣 0.5 分（最多扣 10 分）；深度大于 0.5 mm，得0分</td><td></td><td></td></tr>
<tr><td colspan="2" rowspan="2">焊缝内部质量检验</td><td>标准（依据 GB/T 3323.1—2019《焊缝无损检测 射线检测》）</td><td>Ⅰ级片无缺陷/有缺陷</td><td>Ⅱ级片</td><td>Ⅲ级片</td><td>Ⅳ级片</td><td rowspan="2"></td><td rowspan="2"></td></tr>
<tr><td>分数</td><td>40/35</td><td>30</td><td>20</td><td>0</td></tr>
</table>

注：从开始引弧计时，该工件在 60 min 内完成；每超出 1 min，从总分中扣 2.5 分。试件焊接未完成，表面修补及焊缝正、反两面有裂纹、夹渣、气孔、未熔合、未焊透缺陷，该工件做0分处理。

项目四

固定管板焊接技术

任务一　插入式管板垂直连接平焊

任务描述

完成图 2-4-1 所示的低碳钢插入式管板垂直连接平焊焊件。

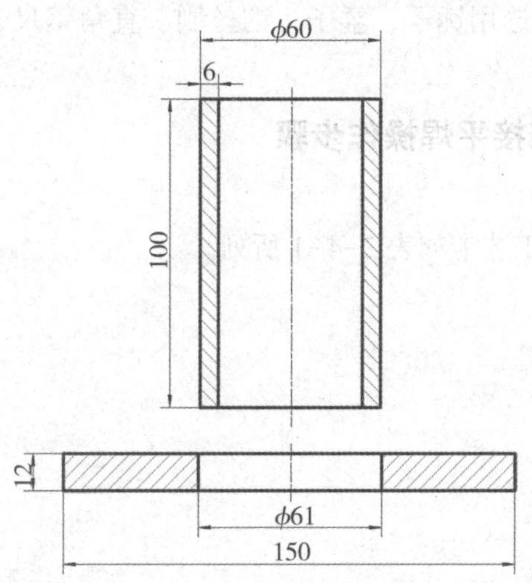

图 2-4-1　插入式管板垂直连接平焊焊件图纸

技术要求

（1）焊接方法采用半自动 CO_2 气体保护焊。

（2）开孔试板材质为 Q345，管材质为 20#钢。

（3）接头形式为 T 形接头，焊接位置为垂直固定。

（4）根部间隙为 1～2 mm。

（5）要求单面焊双面成形，焊缝表面无缺陷，焊缝波纹均匀、宽窄一致、高低平整，焊缝与母材圆滑过渡，焊后无变形，具体要求参照评分标准。

任务实施

一、焊前准备

（1）焊接母材及焊材。本项焊接任务采用 CO_2 气体保护方法焊接，选用母材型号为 Q345 和 20#钢，使用与母材强度匹配的低碳钢焊丝（ER50－6 焊丝），直径为 1.2 mm。

（2）焊件尺寸。采用垂直固定位置进行组对，板尺寸为（150×150×12）mm，中间开直径为 61 mm 的孔；管尺寸直径为（60×100×6）mm。

（3）坡口。板上的孔开 50°坡口。

（4）焊接场地。焊接工位面积应不小于 4 m^2，提供足够的采光，配有独立式空气净化单机或者统一的排烟除尘系统，并配有可调节前后、高低、方向的多功能焊接平台。

（5）焊接设备。焊机采用 CO_2 气体保护焊机，如国产的北京时代 NB－350 型 CO_2 气体保护焊机等。

（6）焊接辅助工具。可以选用锤子、錾子、钢丝刷、直角钢尺、焊缝检验尺、千分尺、角磨机等工具。

二、插入式管板垂直连接平焊操作步骤

1. 识读焊接工艺卡

插入式管板垂直连接平焊工艺卡如表 2-4-1 所列。

表 2-4-1　插入式管板垂直连接平焊工艺卡

焊接工艺卡		编号：09
材料牌号	Q345，20#	接头简图
材料规格	12 mm，ϕ60 mm	
接头种类	T 形接头	
坡口角度	50°±3°	
钝边	1 mm	
焊接方法	GMAW	
焊接设备	ML350	
电源种类	直流	
电源极性	反接	
焊接位置	2FG	

焊接参数

焊材型号	焊材直径/mm	焊接电流/A	焊接电压/V	保护气体流量/（L·min^{-1}）	焊丝伸出长度/mm
ER50-6	ϕ1.2	130~150	20~22	12~15	10~15

2. 清理焊件

用角磨机打磨母材表面，去除整体油污；着重打磨焊缝 20 mm 内区域，确保露出金属光泽，防止铁锈等氧化物的干扰。

3. 装配及定位焊

管子垂直插入铁板的孔中，在管板连接处进行点焊，点焊点最多 2 个，分别在 3 点钟和 9 点钟位置。采取与焊件相同牌号的焊丝进行定位焊，定位焊长度不超过5 mm，焊脚不能超过要求。

4. 焊接

由于板上的孔开了 50°坡口，所以单层焊无法完成焊接，应采用打底加盖面的焊接方法进行焊接。

（1）打底焊。

12 mm 厚板开单 V 形坡口要求为单面焊双面成形。单面焊双面成形是焊接人员必须掌握的焊接技术，大多数焊接操作中都会用到这种打底焊方法。焊接人员只在一面进行焊接，就可以在正、反两面得到理想的焊缝成形。

想要完成焊缝的单面焊双面成形，最重要的方法就是控制焊缝间隙和调整好正确的焊接电流和焊接电压，除此之外，还需要焊接人员对焊接速度的掌握十分到位。焊接人员通过对熔孔的观察，掌握好焊接前进的速度，保证每个熔孔都能达到直径为2 mm大小。过大的熔孔会造成背透过多，严重的会直接烧穿；熔孔过小会造成焊缝背透不足，或者未焊透。当焊接速度、焊接电压、焊接电流、焊缝间隙调整正确后，双面成形技术将很容易掌握。一名优秀、有经验的焊接人员可以根据焊缝的情况随机应变，达到单面焊双面成形的效果。孔的直径为61 mm，并且打磨1~2 mm钝边，所以孔和管的根部间隙为2 mm左右，正好满足根部间隙的工艺要求，可以进行单面焊双面成形。

打底焊采用直拉法进行焊接操作，焊接摆动只有一个方向，就是向焊缝行进方向前进，无须横向摆动。该焊接方法把定位好的工件固定在焊接平台上，在定位点的一侧进行起弧焊接，围绕管板焊缝焊半圈，到达熄弧点；再从起弧点的另一侧起弧，再绕管板焊缝的另一半圈，与上一段焊缝的熄弧点相连接。焊接参数要根据工艺卡上的参数在范围内进行调整。按照工艺卡调整好焊接参数，管板垂直平焊焊缝是有弧度的，焊枪随着焊缝的位置弧度随时根据角度变化进行焊接。因此，正确掌握焊枪角度是焊缝成形的关键。目前，实际操作中常采用单层单道左焊法。

（2）盖面焊。

打底焊之后的焊缝低于母材表面2 mm左右，盖面焊可以采用画圆法或者锯齿摆动法进行焊接，焊丝端部匀速在管壁和破口边缘来回摆动，操作要领还是两边停留、中间不停留，具体停留时间根据需填充金属数量而定。盖面层做到与母材平齐或者略高为好，但余高不要超过1 mm。

5. 清理熔渣及飞溅物

焊接结束后，首先处理CO_2气瓶，关闭气瓶阀门；点动焊枪按钮或弧焊电源面板焊接检气开关，放掉减压器内的多余气体；最后关闭焊接电源，清扫焊接工位，规整焊接电缆和焊接工具，确认无安全隐患。

CO_2气体保护焊的熔渣相比于焊条电弧焊的熔渣要少得多，表面只有少量物质待清除，所以焊后只需用敲渣锤清除熔渣，用钢丝刷进一步将熔渣、焊接飞溅物等清除干净即可。值得注意的是，CO_2气体保护焊产生飞溅物的量较多，飞溅的距离也比较大，所以不仅要清理焊道上的飞溅物，而且要将试板其他位置的飞溅物用扁铲清理干净，同时要保证不伤到母材表面。

三、注意事项

（1）接头。环焊缝是由两段半圆焊缝所组成的，所以焊接的难点在于接头处。如果接头操作不当，就会出现焊缝凸起或者凹陷等缺陷。因此，接头位置一定要进行打磨，打磨出斜坡，方便进行接头。

（2）焊枪角度。焊枪角度不是一成不变的，要随着焊枪和焊缝的相对位置而变化，始终让焊枪的角度与管的轴线相平行。

（3）摆动方式。焊丝是否摆动取决于焊脚的尺寸，如果焊脚尺寸较大，则需要进行上下摆动，从而获得大尺寸焊脚；如果焊脚尺寸要求较小，则可以直接直拉焊接。

四、评分标准

插入式管板垂直连接平焊评分标准如表2-4-2所列。

表2-4-2　插入式管板垂直连接平焊评分标准

试件编号			评分人			合计得分		
检查项目		标准分数	焊缝等级				测量数值	实际得分
			Ⅰ	Ⅱ	Ⅲ	Ⅳ		
正面	焊脚	标准/mm	7~8	>8，≤9	>9，≤10	>10		
		分数	10	6	4	0		
	焊脚差	标准/mm	≤1	>1，≤2	>2，≤4	>3		
		分数	5	3	2	0		
	焊缝凸度	标准/mm	≤1	>1，≤2	>2，≤3	>3		
		分数	10	6	4	0		
	垂直度	标准/mm	≤1	≤2	≤3	>3		
		分数	5	3	2	0		
	咬边	标准	无咬边	深度不大于0.5 mm，且长度不大于15 mm	深度不大于0.5 mm，长度大于15 mm、不大于30 mm	深度大于0.5 mm，或长度大于30 mm		
		分数	10	6	4	0		
	表面成形	标准	优	良	一般	差		
		分数	10	6	4	0		
反面	焊缝凹陷	标准/mm	0~0.5	>0.5，≤1	>1，≤2	>2		
		分数	5	3	2	0		
	焊缝凸起	标准/mm	0~1	>1，≤2	>2，≤3	>3		
		分数	5	3	2	0		

表 2-4-2（续）

检查项目		标准分数	焊缝等级				测量数值	实际得分
			Ⅰ	Ⅱ	Ⅲ	Ⅳ		
宏观金相	根部熔深	标准/mm	>1	>0.5，<1	>0，<0.5	未熔		
		分数	16	8	4	0		
	条状缺陷	标准/mm	无	<1	<1.5	>1.5		
		分数	12	8	4	0		
	点状缺陷	标准	无	点状缺陷直径小于1 mm，缺陷为1个	点状缺陷直径小于1 mm，缺陷为2个	点状缺陷直径大于1 mm，或缺陷多于1个		
		分数	12	8	4	0		

注：从开始引弧计时，该工件在60 min内完成；每超出1 min，从总分中扣2.5分。试件焊接未完成，表面修补及焊缝正、反两面有裂纹、夹渣、气孔、未熔合、未焊透缺陷，该工件做0分处理。

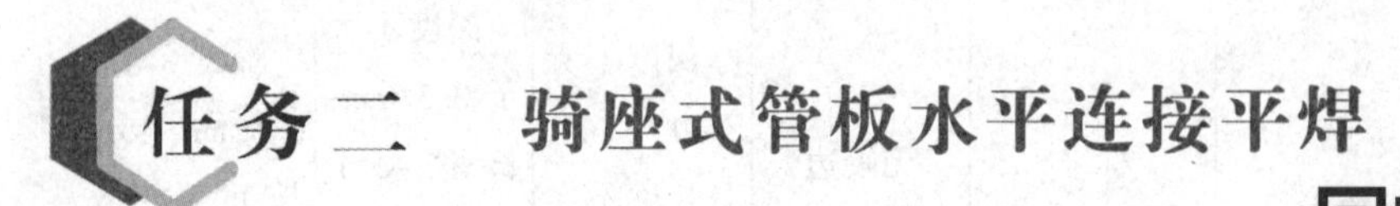

任务二　骑座式管板水平连接平焊

骑座式管板水平连接平焊

任务描述

完成图2-4-2所示的低碳钢骑座式管板水平连接平焊焊件。

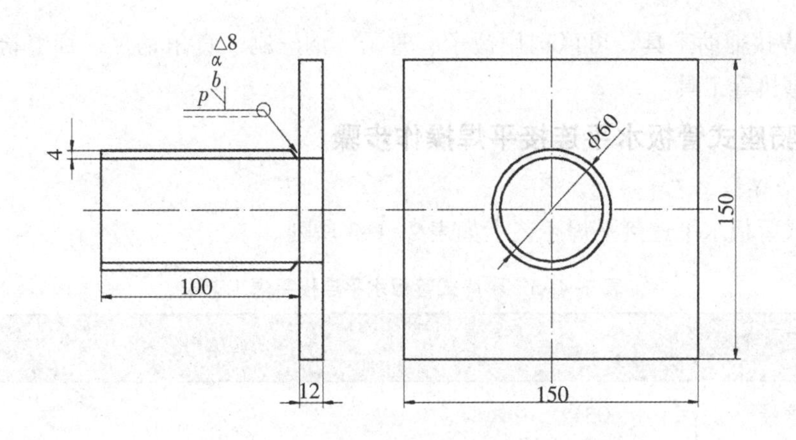

图 2-4-2　骑座式管板水平连接平焊焊件图纸

技术要求

（1）焊接方法采用半自动 CO_2 气体保护焊。

（2）开孔试板材质为 Q345，管材质为 20#钢。

（3）接头形式为 T 形接头，焊接位置为水平固定。

（4）根部间隙为 1～2 mm。

（5）要求单面焊双面成形，焊缝表面无缺陷，焊缝波纹均匀、宽窄一致、高低平整，焊缝与母材圆滑过渡，焊后无变形，具体要求参照评分标准。

任务实施

一、焊前准备

（1）焊接母材及焊材。本项焊接任务采用 CO_2 气体保护方法焊接，选用母材型号为 Q345 和 20#钢，使用与母材强度匹配的低碳钢焊丝（ER50-6 焊丝），直径为 1.2 mm。

（2）焊件尺寸。采用垂直固定位置进行组对，板尺寸为（150×150×12）mm，中间开直径为 52 mm 的孔；管尺寸直径为（60×100×4）mm。

（3）坡口。管上的孔开 50°坡口，组对间隙（b）为 3 mm，单边 V 形坡口角度（α）为 50°，钝边（p）为 1 mm。

（4）焊接场地。焊接工位面积应不小于 4 m^2，提供足够的采光，配有独立式空气净化单机或者统一的排烟除尘系统，并配有可调节前后、高低、方向的多功能焊接平台。

（5）焊接设备。焊机采用 CO_2 气体保护焊机，如国产的北京时代 NB-350 型 CO_2 气体保护焊机等。

（6）焊接辅助工具。可以选用锤子、錾子、钢丝刷、直角钢尺、焊缝检验尺、千分尺、角磨机等工具。

二、骑座式管板水平连接平焊操作步骤

1. 识读焊接工艺卡

骑座式管板水平连接平焊工艺卡如表2-4-3所列。

表2-4-3 骑座式管板水平连接平焊工艺卡

焊接工艺卡		编号：10
材料牌号	Q345	坡口示意图 1 3 50°
材料规格	12 mm，ϕ60 mm	
接头种类	T形接头	
坡口形式	单边V形	
坡口角度	50°	
钝边	1 mm	
组对间隙	2 mm	
焊接方法	GMAW	
焊接设备	ML350	
电源种类	直流	
电源极性	反接	
焊接位置	5FG	

焊接参数

焊层	焊材型号	焊材直径/mm	焊接电流/A	焊接电压/V	保护气体流量/（L·min^{-1}）	焊丝伸出长度/mm
打底层	ER50-6	ϕ1.2	80~90	17~18	12~15	10~15
填充层			100~120	17~19	12~15	10~15
盖面层			100~110	17~19	12~15	10~15

2. 清理焊件

用角磨机打磨母材表面，去除整体油污；着重打磨焊缝 20 mm 内区域，确保露出金属光泽，防止铁锈等氧化物的干扰。

3. 装配及定位焊

管子垂直插入铁板的孔中，在管板连接处进行点焊，点焊点最多 2 个，分别在 3 点钟和 9 点钟位置。采取与焊件相同牌号的焊丝进行定位焊，定位焊长度不超过5 mm，焊脚不能超过要求。

4. 焊接

焊接时，将定位装配好的工件放置在操作架上，保证工件为水平位置。起弧点设置在 6 点钟位置，分为两个方向由下向上画半圆焊接，每段焊缝在 12 点钟方向结束。焊接参数在工艺卡给定范围内自行调节。根据焊缝间隙、焊接速度来确定焊接电流等参数。

焊枪与焊缝的角度示意图如图 2-4-3 所示，角度为 75°~85°。焊接过程中，焊枪相对管的位置一直在变，所以为了得到成形美观的焊缝，就需要焊接人员时刻保持焊枪角度的变化，以适应相对位置的变化。

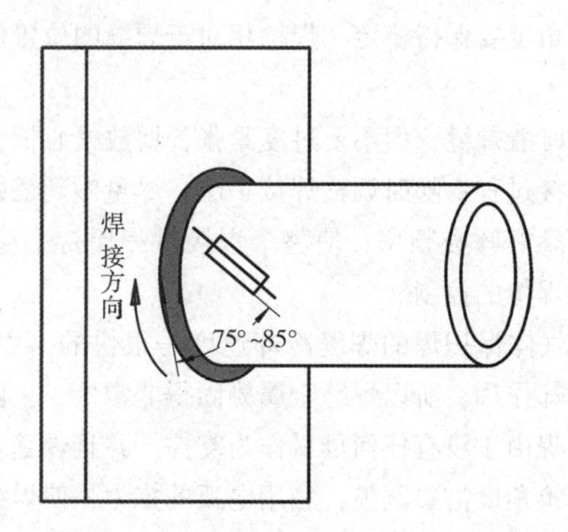

图 2-4-3　管板水平焊枪后倾夹角示意图

由于管开了 50°坡口，所以此种焊接工件将采用双层焊道来完成，分别为打底焊和盖面焊。

（1）打底焊。

骑座式焊缝需要焊缝达到单面焊双面成形标准。单面焊双面成形是焊接人员必须掌握的焊接技术，大多数焊接操作中都会用到这种打底焊方法。焊接人员只在一面进行焊接，就可以在正、反两面得到理想的焊缝成形。

想要完成焊缝的单面焊双面成形，最重要的方法就是控制焊缝间隙和调整好正确的焊接电流和焊接电压，除此之外，还需要焊接人员对焊接速度的掌握十分到位。焊接人员通过对熔孔的观察，掌握好焊接前进的速度，保证每个熔孔都能达到直径为 2 mm 大小。过大的熔孔会造成背透过多，严重的会直接烧穿；熔孔过小会造成焊缝背透不足，或者未焊透。当焊接速度、焊接电压、焊接电流、焊缝间隙调整正确后，双面成形技术将很容易掌握。一名优秀、有经验的焊接人员可以根据焊缝的情况随机应变，达到单面焊双面成形的效果。如果试板的根部间隙过大，焊接人员可以通过断弧焊的方法来弥补；如果间隙过小，焊接人员可以重新对焊缝进行组对。

打底焊采用直拉法进行焊接操作，焊接摆动只有一个方向，就是朝焊缝行进方向前进，无须横向摆动。该焊接方法把定位好的工件固定在焊接平台上，在定位点的一侧进行起弧焊接，围绕管板焊缝焊半圈，到达熄弧点；再从起弧点的另一侧起弧，绕管板焊缝的另一半圈，与上一段焊缝的熄弧点相连接。焊接参数要根据工艺卡上的参数在范围内进行调整。按照工艺卡调整好焊接参数，管板垂直平焊焊缝是有弧度的，焊枪随着焊缝的位置弧度随时根据角度变化进行焊接。因此，正确掌握焊枪角度是焊缝成形的关键。实际操作中多采用单层单道左焊法。

打底焊时，一定要注意以下要点。

①熔孔变化。随时根据熔孔的大小来调整焊接行进速度。

②焊枪稳定。焊接角度要保持稳定，焊枪相对于焊缝的位置保持不变，尽量减少抖动对焊缝成形的影响。

③放松心情。眼睛盯着焊缝，但不要过度紧张，要放松心情，接受失误，不要因为一点失误而影响整个焊接过程；随时调整焊接手法，尽量做到最好。

④调整好呼吸。调整好呼吸频率，使整个焊接过程保持平稳，身体不要有大的欺负，避免影响到手臂对焊枪的控制。

⑤焊枪角度。CO_2 气体保护焊的焊缝冷却速度是很快的，主要原因在于 CO_2 气体温度较低，有较强的冷却作用，所以焊缝金属凝固得非常快，一般不会出现焊缝金属向下流动的情况。但是仰焊由于没有任何母材作为支撑，并且焊缝很长，很容易下塌，成形不容易控制，所以焊枪角度需要调整，利用电弧的推力，使焊缝成形更好。

（2）盖面焊。

盖面焊一般采用锯齿形焊接方法，确保焊脚尺寸满足标准。焊接人员一定要观察坡口两边，焊丝到边后停留0.5 s，中间不停留，停留时间还需要根据填充层和母材表面的深度进行调整。

盖面焊时的注意事项如下。

①焊脚。焊接人员一定要根据实际情况，调整焊接速度和焊接电流，确保焊脚尺寸。

②咬边。焊接操作中经常出现咬边缺陷，咬边会造成焊缝的力学性能下降。焊接电流过大、焊接速度过慢都会造成咬边现象，需要焊接人员多加练习，予以控制。

③成形。焊缝的成形主要决定于盖面的成形，但是如果填充焊得到的焊缝不平或者

凸起，那么盖面焊很难得到好的成形焊缝。所以焊缝成形要从基础练起，从多方控制。

④焊枪角度。CO_2 气体保护焊的焊缝冷却速度是很快的，主要原因在于 CO_2 气体温度较低，有较强的冷却作用，所以焊缝金属凝固得非常快，一般不会出现焊缝金属向下流动的情况。但是为了得到更好的焊缝成形，一般焊枪与焊缝成 75°~85°，利用电弧的推力，使焊缝成形更好。

⑤凹凸度。焊脚不仅要满足尺寸，还需要有一定的凹凸度。凸起将造成应力集中，所以一般选用略微凹陷的焊缝作为标准。

5. 清理熔渣及飞溅物

焊接结束后，首先处理 CO_2 气瓶，关闭气瓶阀门；点动焊枪按钮或弧焊电源面板焊接检气开关，放掉减压器里面的多余气体；最后关闭焊接电源，清扫焊接工位，规整焊接电缆和焊接工具，确认无安全隐患。

CO_2 气体保护焊的熔渣相比于焊条电弧焊的熔渣要少得多，表面只有少量物质待清除，所以焊后只需用敲渣锤清除熔渣，用钢丝刷进一步将熔渣、焊接飞溅物等清除干净即可。值得注意的是，CO_2 气体保护焊产生飞溅物的量较多，飞溅的距离也比较大，所以不仅要清理焊道上的飞溅物，而且要试板其他位置的飞溅物用扁铲清理干净，同时要保证不伤到母材表面。

三、注意事项

（1）定位焊需采用与正式焊接相同的焊接方法，并且保证定位点焊透，所以定位焊的焊接电流需要比正式焊的焊接电流稍大。

（2）由于焊接是一个热循环过程，因此随着焊件的温度变化，焊缝会产生一定的变形。如果焊件是刚性固定在操作台上，则只需保证焊缝间隙一致即可；但如果焊接是自由放置在操作台上，无刚性约束，则需在装配焊件时，焊件末端焊缝间隙比焊件施焊端焊缝间隙稍微大 0. 5~1. 0 mm，给焊缝收缩留有空间。

（3）如果焊件的装配过程十分精细，焊缝间隙控制得当，则焊接人员操作过程中一定要保持焊接姿势一致、焊接角度不变，以此来保证焊缝成形良好、美观。但如果装配精度不够，则需焊接人员在焊接过程中仔细观察焊缝的熔孔变化，并根据熔孔的大小随时调整焊接速度、焊枪角度及焊枪摆动情况，从而得到想要的焊缝成形。

（4）CO_2 气体保护焊的焊接效果除了和焊接人员的操作水平有关外，还和焊接参数的选用有着十分重要的关系。如果焊接电流、电压匹配不好，则焊缝成形不好、焊接飞溅很大。所以焊接人员一定要根据焊接工艺卡调整好焊接参数。焊接参数不是一成不变的，焊接人员可以根据实际情况调整。由于每台焊机因为年限不同、生产工艺不同、型号不同，焊接电流准确度也不同；或者由于电缆长度不同，焊接电流大小也不尽相同，因此焊接人员的临场调整能力显得十分重要。

（5）全位置焊接如果操作不当，容易烫伤焊接人员，所以焊接人员在进行仰焊时，一定要穿戴好全套劳动保护用品。

四、评分标准

骑座式管板水平连接平焊评分标准如表 2-4-4 所列。

表 2-4-4　骑座式管板水平连接平焊评分标准

试件编号			评分人			合计得分		
检查项目		标准分数	焊缝等级				测量数值	实际得分
			Ⅰ	Ⅱ	Ⅲ	Ⅳ		
正面	焊脚	标准/mm	7~8	>8，≤9	>9，≤10	>10		
		分数	10	6	4	0		
	焊脚差	标准/mm	≤1	>1，≤2	>2，≤4	>4		
		分数	5	3	2	0		
	焊缝凸度	标准/mm	≤1	>1，≤2	>2，≤3	>3		
		分数	10	6	4	0		
	垂直度	标准/mm	≤1	≤2	≤3	>3		
		分数	5	3	2	0		
	咬边	标准	无咬边	深度不大于 0.5 mm，且长度不大于 15 mm	深度不大于 0.5 mm，长度大于 15 mm、不大于 30 mm	深度大于 0.5 mm，或长度大于 30 mm		
		分数	10	6	4	0		
	表面成形	标准	优	良	一般	差		
		分数	10	6	4	0		
反面	焊缝凹陷	标准/mm	0~0.5	>0.5，≤1	>1，≤2	>2		
		分数	5	3	2	0		
	焊缝凸起	标准/mm	0~1	>1，≤2	>2，≤3	>3		
		分数	5	3	2	0		

表 2-4-4（续）

检查项目		标准分数	焊缝等级				测量数值	实际得分
			Ⅰ	Ⅱ	Ⅲ	Ⅳ		
宏观金相	根部熔深	标准/mm	>1	>0.5，<1	>0，<0.5	未熔		
		分数	16	8	4	0		
	条状缺陷	标准/mm	无	<1	≤1.5	>1.5		
		分数	12	8	4	0		
	点状缺陷	标准	无	点状缺陷直径小于1 mm，缺陷为1个	点状缺陷直径小于1 mm，缺陷为2个	点状缺陷直径大于1 mm，或缺陷大于1个		
		分数	12	8	4	0		

注：从开始引弧计时，该工件在60 min内完成；每超出1 min，从总分中扣2.5分。试件焊接未完成，表面修补及焊缝正、反两面有裂纹、夹渣、气孔、未熔合、未焊透缺陷，该工件做0分处理。

项目五

固定管-管焊接技术

任务一 管对接水平固定全位置焊接

管对接水平固定全位置焊接

任务描述

完成图 2-5-1 所示的低碳钢管对接水平固定全位置焊焊件。

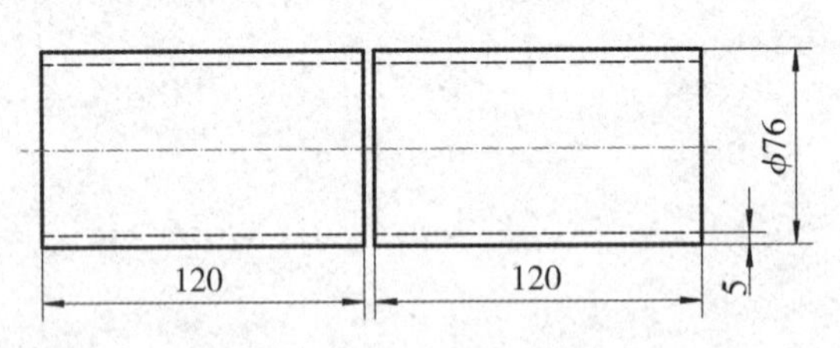

图 2-5-1 管对接水平固定全位置焊焊件图纸

技术要求

（1）焊接方法采用半自动 CO_2 气体保护焊。

（2）管材质为 20#钢，直径为 76 mm。

（3）接头形式为对接接头，焊接位置为水平固定。

（4）根部间隙为 2~3 mm。

（5）要求单面焊双面成形，焊缝表面无缺陷，焊缝波纹均匀、宽窄一致、高低平整，焊缝与母材圆滑过渡，焊后无变形，具体要求参照评分标准。

任务实施

一、焊前准备

（1）焊接母材及焊材。本项焊接任务采用 CO_2 气体保护方法焊接，选用 20#钢管，使用与母材强度匹配的低碳钢焊丝（ER50-6 焊丝），直径为 1.2 mm。

（2）焊件尺寸。采用水平固定位置进行组对，管尺寸为（120×76×5）mm。

（3）坡口。应为 V 形 60°坡口。

（4）焊接场地。焊接工位面积应不小于 4 m^2，提供足够的采光，配有独立式空气净化单机或者统一的排烟除尘系统，并配有可调节前后、高低、方向的多功能焊接平台。

（5）焊接设备。焊机采用 CO_2 气体保护焊机，如国产的北京时代 NB-350 型 CO_2 气体保护焊机等。

（6）焊接辅助工具。可以选用锤子、錾子、钢丝刷、直角钢尺、焊缝检验尺、千分尺、角磨机等工具。

二、管水平连接全位置焊操作步骤

1. 识读焊接工艺卡

管水平连接全位置焊工艺卡如表 2-5-1 所列。

表 2-5-1　管水平连接全位置焊工艺卡

焊接工艺卡		编号：11
材料牌号	20#	接头简图
材料规格	（120×φ76×5）mm	
接头种类	对接	
坡口形式	V 形	
坡口角度	60°±2°	
钝边	1~2 mm	
组对间隙	2~3 mm	
焊接方法	GMAW	
焊接设备	ML350	
电源种类	直流	
电源极性	反接	
焊接位置	2G	

表 2-5-1（续）

焊接参数						
焊层	焊材型号	焊材直径/mm	焊接电流/A	焊接电压/V	保护气体流量/（L·min^{-1}）	焊丝伸出长度/mm
打底层	ER50-6	ϕ1.2	110~130	19~21	15~20	10~15
填充层		ϕ1.2	130~150	23~25	15~20	10~15
盖面层		ϕ1.2	130~150	23~25	15~20	10~15

2. 清理焊件

用角磨机打磨母材表面，去除整体油污；着重打磨焊缝 20 mm 内区域，确保露出金属光泽，防止铁锈等氧化物的干扰，还要对管内壁坡口处 20 mm 进行打磨清理。

3. 装配及定位焊

管子水平进行连接，并且两个管的中心轴一定要对齐，确保垂直度。在管板连接处进行点焊，点焊点最多 2 个，均匀排开，一个在 3 点钟位置，一个在 9 点钟位置。采取与焊件相同牌号的焊丝进行定位焊，定位焊长度不超过 5 mm，焊脚不能超过要求。管板间预留 2 mm 间隙，定位焊的电流略大于实际焊接使用电流，一定要保证定位点焊透。装配定位焊位置示意图（管水平连接全位置焊接）如图 2-5-2 所示。

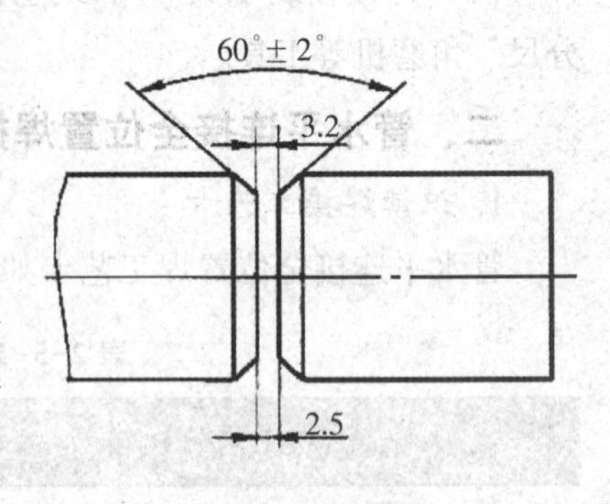

图 2-5-2　装配定位焊位置示意图（管水平连接全位置焊接）

4. 焊接

焊接时，将定位装配好的工件放置在操作架上，保证工件为水平位置。起弧点设置在 6 点钟位置，分为两个方向由下向上画半圆焊接，每段焊缝在 12 点钟方向结束。焊接参数在工艺卡给定范围内自行调节，根据焊缝间隙、焊接速度来确定焊接电流等参数的选用。

焊枪与焊缝的角度在 75°~85°，焊接过程中，焊枪相对管的位置一直在变，所以为了得到成形美观的焊缝，就需要焊接人员时刻保持焊枪角度的变化，以适应相对位置的变化。

由于管开了 60°坡口，所以此种焊接工件将采用双层焊道来完成，分别为打底焊和盖面焊。

（1）打底焊。

水平固定焊缝需要焊缝达到单面焊双面成形标准。单面焊双面成形是焊接人员必须掌握的焊接技术，大多数焊接操作中都有用到这种打底焊方法。焊接人员只在一面进行

焊接，就可以在正、反两面得到理想的焊缝成形。

想要完成焊缝的单面焊双面成形，最重要的方法就是控制焊缝间隙和调整好正确的焊接电流和焊接电压，除此之外，还需要焊接人员对焊接速度的掌握十分到位。焊接人员通过对熔孔的观察，掌握好焊接前进的速度，保证每个熔孔都能达到直径为2 mm 大小。过大的熔孔会造成背透过多，严重的会直接烧穿；熔孔过小会造成焊缝背透不足，或者未焊透。当焊接速度、焊接电压、焊接电流、焊缝间隙调整正确后，双面成形技术将很容易掌握。一名优秀、有经验的焊接人员可以根据焊缝的情况随机应变，达到单面焊双面成形的效果。如果试板的根部间隙过大，焊接人员可以通过断弧焊的方法来弥补；如果间隙过小，焊接人员可以重新对焊缝进行组对。

打底焊一般有两种摆动形式：第一种是直拉法，即焊接摆动只有一个方向，就是向焊缝行进方向前进，无须横向摆动。这种摆动方法适用于焊缝根部间隙小的情况。在这种情况下，如果进行横向摆动，很容易造成未焊透现象。第二种是有横向摆动打底焊方法。这种方法适用于根部间隙较大的焊缝，这种间隙的焊缝如果采用直拉法焊接，很容易造成穿丝，严重的会形成焊瘤。根部间隙越大，焊丝横向摆动的幅度也就越大。横向摆动的方法有很多，如锯齿法、反月牙法等。

无论打底焊时采用什么样的焊接形式，都要保证打底焊成形为中间凹陷，这样才有利于进行接下来的填充焊和盖面焊。一般来说，打底焊的厚度为3mm 左右为最佳。

打底焊时，一定要注意以下要点。

①熔孔变化。随时根据熔孔的大小来调整焊接行进速度。

②焊枪稳定。焊接角度要保持稳定，焊枪相对于焊缝的位置保持不变，尽量减少抖动对焊缝成形的影响。

③放松心情。眼睛盯着焊缝，但不要过度紧张，要放松心情，接受失误，不要因为一点失误而影响整个焊接过程；随时调整焊接手法，尽量做到最好。

④调整好呼吸。调整好呼吸频率，使整个焊接过程保持平稳，身体不要有大的起伏，避免影响到手臂对焊枪的控制。

⑤焊枪角度。CO_2 气体保护焊的焊缝冷却速度是很快的，主要原因在于 CO_2 气体温度较低，有较强的冷却作用，所以焊缝金属凝固得非常快，一般不会出现焊缝金属向下流动的情况。但是全位置焊接由于没有任何母材作为支撑，并且焊缝很长，很容易下塌，成形不容易控制，所以焊枪角度需要调整，利用电弧的推力，使焊缝成形更好。

（2）盖面焊。

盖面焊一般采用锯齿形焊接方法，确保焊缝宽度满足标准。焊接人员一定要观察坡口两边，焊丝到边后停留0. 5 s，中间不停留，停留时间还需要根据填充层和母材表面的深度进行调整。

盖面焊的注意事项如下。

①电流。焊接人员一定要根据实际情况，调整焊接速度和焊接电流。

②咬边。焊接操作中经常出现咬边缺陷，咬边会造成焊缝的力学性能下降。焊接电

流过大、焊接速度过慢都会造成咬边现象，需要焊接人员多加练习，予以控制。

③成形。焊缝的成形主要决定于盖面的成形，但是如果填充焊得到的焊缝不平或者凸起，那么盖面焊很难得到好的成形焊缝。所以焊缝成形要从基础练起，从多方控制。

④焊枪角度。CO_2 气体保护焊的焊缝冷却速度是很快的，主要原因在于 CO_2 气体温度较低，有较强的冷却作用，所以焊缝金属凝固得非常快，一般不会出现焊缝金属向下流动的情况。但是为了得到更好的焊缝成形，一般焊枪与焊缝成 75°~85°，利用电弧的推力，使焊缝成形更好。

5. 清理熔渣及飞溅物

焊接结束后，首先处理 CO_2 气瓶，关闭气瓶阀门；点动焊枪按钮或弧焊电源面板焊接检气开关，放掉减压器内的多余气体；最后关闭焊接电源，清扫焊接工位，规整焊接电缆和焊接工具，确认无安全隐患。

CO_2 气体保护焊的熔渣相比于焊条电弧焊的熔渣要少得多，表面只有少量物质待清除，所以焊后只需用敲渣锤清除熔渣，用钢丝刷进一步将熔渣、焊接飞溅物等清除干净即可。值得注意的是，CO_2 气体保护焊产生飞溅物的量较多，飞溅的距离也比较大，所以不仅要清理焊道上的飞溅物，而且要将试板其他位置的飞溅物用扁铲清理干净，同时要保证不伤到母材表面。

三、注意事项

（1）定位焊需采用与正式焊接相同的焊接方法，并且保证定位点焊透，所以定位焊的焊接电流需要比正式焊的焊接电流稍大。

（2）由于焊接是一个热循环过程，因此随着焊件的温度变化，焊缝会产生一定的变形。如果焊件是刚性固定在操作台上，则只需保证焊缝间隙一致即可；但如果焊接是自由放置在操作台上，无刚性约束，则需在装配焊件时，焊件末端焊缝间隙比焊件施焊端焊缝间隙稍微大 0.5~1.0 mm，给焊缝收缩留有空间。

（3）如果焊件的装配过程十分精细，焊缝间隙控制得当，则焊接人员操作过程中一定要保持焊接姿势一致、焊接角度不变，以此来保证焊缝成形良好、美观。但如果装配精度不够，则需焊接人员在焊接过程中仔细观察焊缝的熔孔变化，并根据熔孔的大小随时调整焊接速度、焊枪角度及焊枪摆动情况，从而得到想要的焊缝成形。

（4）CO_2 气体保护焊的焊接效果除了和焊接人员的操作水平有关外，还和焊接参数的选用有着十分重要的关系。如果焊接电流、电压匹配不好，则焊缝成形不好、焊接飞溅很大。所以焊接人员一定要根据焊接工艺卡调整好焊接参数。焊接参数不是一成不变的，焊接人员可以根据实际情况调整。由于每台焊机年限不同、生产工艺不同、型号不同，焊接电流准确度也不同；或者由于电缆长度不同，焊接电流大小也不尽相同，因此焊接人员的临场调整能力显得十分重要。

（5）全位置焊接如果操作不当容易烫伤焊接人员，所以焊接人员在进行全位置焊接时，一定要穿戴好全套劳动保护用品。

四、评分标准

管对接水平固定全位置焊评分标准如表 2-5-2 所列。

表 2-5-2　管对接水平固定全位置焊评分标准

试件编号			评分人			合计得分		
检查项目		标准分数	焊缝等级				测量数值	实际得分
			Ⅰ	Ⅱ	Ⅲ	Ⅳ		
正面	焊缝余高	标准/mm	>0，≤1	>1，≤2	>2，≤3	>3，<0		
		分数	10	4	4	0		
	焊缝高低差	标准/mm	≤1	>1，≤2	>2，≤3	>3		
		分数	5	3	2	0		
	焊缝宽度	标准/mm	>13，≤15	>15，≤16	>16，≤17	>17，<13		
		分数	10	6	4	0		
	焊缝宽窄差	标准/mm	≤1.5	>1.5，≤2	>2，≤3	>3		
		分数	5	3	2	0		
	咬边	标准	无咬边	深度小于0.5 mm，且长度不大于10 mm	深度小于0.5 mm，且长度不大于20 mm	深度大于0.5 mm，或长度大于20 mm		
		分数	5	3	2	0		
	表面成形	标准	优	良	一般	差		
		分数	10	6	4	0		
反面	焊缝高度	高度为 0～3 mm，得2.5分		高度大于 3 mm 或小于 0 mm，得0分				
	咬边	无咬边，得2.5分		有咬边，得0分				
	凹陷	无内凹，得10分		深度不大于0.5mm，每2 mm长扣0.5分（最多扣10分）；深度大于0.5mm，得0分				

表 2-5-2（续）

检查项目	标准分数	焊缝等级				测量数值	实际得分
		Ⅰ	Ⅱ	Ⅲ	Ⅳ		
焊缝内部质量检验	标准（依据 GB/T 3323.1—2019《焊缝无损检测 射线检测》）	Ⅰ级片无缺陷/有缺陷	Ⅱ级片	Ⅲ级片	Ⅳ级片		
	分数	40/35	30	20	0		

注：从开始引弧计时，该工件在 60 min 内完成；每超出 1 min，从总分中扣 2.5 分。试件焊接未完成，表面修补及焊缝正、反两面有裂纹、夹渣、气孔、未熔合、未焊透缺陷，该工件做 0 分处理。

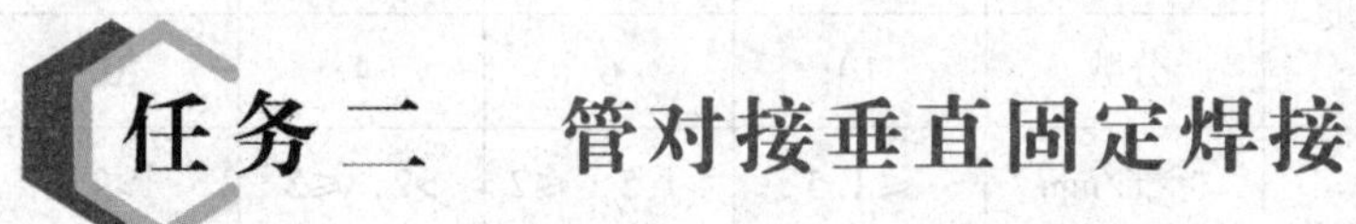

任务二　管对接垂直固定焊接

管对接垂直固定焊接

任务描述

完成图 2-5-3 所示的低碳钢管对接垂直固定焊焊件。

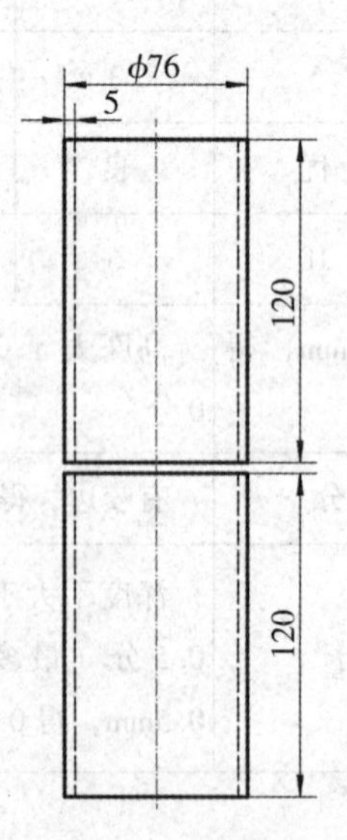

图 2-5-3　管对接垂直固定焊焊件图纸

技术要求

（1）焊接方法采用半自动 CO_2 气体保护焊。

（2）管材质为20#钢，直径为76 mm。

（3）接头形式为对接接头，焊接位置为垂直固定。

（4）根部间隙为2~3 mm。

（5）要求单面焊双面成形，焊缝表面无缺陷，焊缝波纹均匀、宽窄一致、高低平整，焊缝与母材圆滑过渡，焊后无变形，具体要求参照评分标准。

任务实施

一、焊前准备

（1）焊接母材及焊材。本项焊接任务采用 CO_2 气体保护方法焊接，选用20#钢管，使用与母材强度匹配的低碳钢焊丝（ER50-6焊丝），直径为1.2 mm。

（2）焊件尺寸。采用垂直固定位置进行组对，管尺寸为（120×76×5）mm。

（3）坡口。应为V形60°坡口。

（4）焊接场地。焊接工位面积应不小于4 m^2，提供足够的采光，配有独立式空气净化单机或者统一的排烟除尘系统，并配有可调节前后、高低、方向的多功能焊接平台。

（5）焊接设备。焊机采用 CO_2 气体保护焊机，如国产的北京时代NB-350型 CO_2 气体保护焊机等。

（6）焊接辅助工具 锤子、錾子、钢丝刷、直角钢尺、焊缝检验尺、千分尺、角磨机等工具。

二、管对接垂直固定焊操作步骤

1. 识读焊接工艺卡

管对接垂直固定焊工艺卡如表2-5-3所列。

表 2-5-3　管对接垂直固定焊工艺卡

焊接工艺卡		编号：12
材料牌号	20#	接头简图
材料规格	（120×ϕ76×5）mm	
接头种类	对接接头	
坡口形式	V 形	
坡口角度	60°±2°	
钝边	1～2 mm	
组对间隙	2～3 mm	
焊接方法	MAG	
焊接设备	ML350	
电源种类	直流	
电源极性	反接	
焊接位置	2G	

焊接参数

焊层	焊材型号	焊材直径 /mm	焊接电流 /A	焊接电压 /V	保护气体流量 /（L·min^{-1}）	焊丝伸出长度 /mm
打底层	ER50-6	ϕ1.2	120～140	22～24	15～20	10～15
填充层			140～160	24～26	15～20	10～15
盖面层			140～160	24～26	15～20	10～15

2. 清理焊件

用角磨机打磨母材表面，去除整体油污；着重打磨焊缝 20 mm 内区域，确保露出金属光泽，防止铁锈等氧化物的干扰，还要对管内壁坡口处 20 mm 进行打磨清理。

3. 装配及定位焊

管子水平进行连接，并且两个管的中心轴一定要对齐，确保垂直度。在管板连接处进行点焊，点焊点最多 2 个，均匀排开，一个在 3 点钟位置，另一个在 9 点钟位置。采取与焊件相同牌号的焊丝进行定位焊，定位焊长度不超过 5 mm，焊脚不能超过要求。

管板间预留 2 mm 间隙，定位焊的电流略大于实际焊接使用电流，一定要保证定位点焊透。装配定位焊位置示意图（管对接垂直固定焊接）如图 2-5-4 所示。

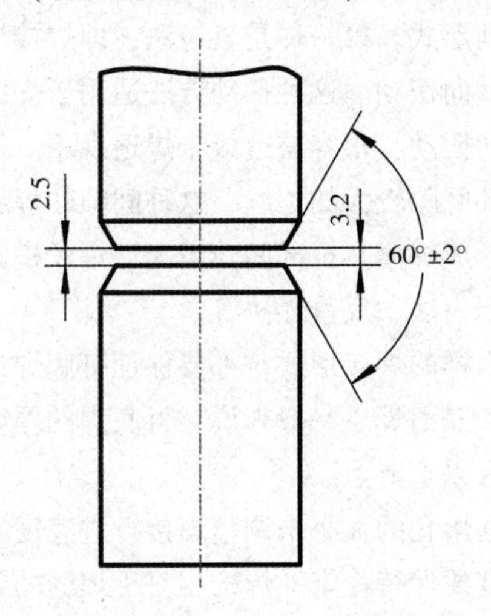

图 2-5-4　装配定位焊位置示意图（管对接垂直固定焊接）

4. 焊接

焊接时，将定位装配好的工件放置在操作架上，保证工件为水平位置。起弧点设置在 6 点钟位置，分为两个方向由下向上画半圆焊接，每段焊缝在 12 点钟方向结束。焊接参数在工艺卡给定范围内自行调节，根据焊缝间隙、焊接速度来确定焊接电流等参数。

焊枪与焊缝的角度为 75°~85°。焊接过程中，焊枪相对管的位置一直在变，所以为了得到成形美观的焊缝，就需要焊接人员时刻保持焊枪角度的变化，以适应相对位置的变化。

由于管开了 60°坡口，所以此种焊接工件将采用双层焊道来完成，分别为打底焊和盖面焊。

（1）打底焊。

垂直固定焊缝需要焊缝达到单面焊双面成形标准。单面焊双面成形是焊接人员必须掌握的焊接技术，大多数焊接操作中都有用到这种打底焊方法。焊接人员只在一面进行焊接，就可以在正、反两面得到理想的焊缝成形。

想要完成焊缝的单面焊双面成形，最重要的方法就是控制焊缝间隙和调整好正确的焊接电流和焊接电压，除此之外，还需要焊接人员对焊接速度的掌握十分到位。焊接人员通过对熔孔的观察，掌握好焊接前进的速度，保证每个熔孔都能达到直径为2 mm 大小。过大的熔孔会造成背透过多，严重的会直接烧穿；熔孔过小会造成焊缝背透不足，或者未焊透。当焊接速度、焊接电压、焊接电流、焊缝间隙调整正确后，双面成形技术将很容易掌握。一名优秀、有经验的焊接人员可以根据焊缝的情况随机应变，达到单面焊双面成形的效果。如果试板的根部间隙过大，焊接人员可以通过断弧焊的方法来弥补；如果间隙过小，焊接人员可以重新对焊缝进行组对。

打底焊一般有两种摆动形式。第一种是直拉法，即焊接摆动只有一个方向，就是朝焊缝行进方向前进，无须横向摆动。这种摆动方法适用于焊缝根部间隙小的情况下，在这种情况下，如果进行横向摆动，很容易造成未焊透现象。第二种是有横向摆动打底焊方法。这种方法适用于根部间隙较大的焊缝，这种间隙的焊缝如果采用直拉法焊接，很容易造成穿丝，严重的会形成焊瘤。根部间隙越大，焊丝横向摆动的幅度也就越大。横向摆动的方法有很多，如锯齿法、反月牙法等。

无论打底焊时采用什么样的焊接形式，都要保证打底焊成形为中间凹陷，这样才有利于进行接下来的填充焊和盖面焊。一般来说，打底焊的厚度为3mm左右为最佳。

打底焊时，一定要注意以下要点。

①熔孔变化。随时根据熔孔的大小来调整焊接行进速度。

②焊枪稳定。焊接角度要保持稳定，焊枪相对于焊缝的位置保持不变，尽量减少抖动对焊缝成形的影响。

③放松心情。眼睛盯着焊缝，但不要过度紧张，要放松心情，接受失误，不要因为一点失误而影响整个焊接过程；随时调整焊接手法，尽量做到最好。

④调整好呼吸。调整好呼吸频率，使整个焊接过程保持平稳，身体不要有大的起伏，避免影响到手臂对焊枪的控制。

⑤焊枪角度。CO_2 气体保护焊的焊缝冷却速度是很快的，主要原因在于 CO_2 气体温度较低，有较强的冷却作用，所以焊缝金属凝固得非常快，一般不会出现焊缝金属向下流动的情况。但是全位置焊接由于没有任何母材作为支撑，并且焊缝很长，很容易下塌，成形不容易控制，所以焊枪角度需要调整，利用电弧的推力，使焊缝成形更好。

(2) 盖面焊。

盖面焊一般采用锯齿形焊接方法，确保焊脚尺寸满足标准。焊接人员一定要观察坡口两边，焊丝到边后停留0.5 s，中间不停留，停留时间还需要根据填充层和母材表面的深度进行调整。

盖面焊的注意事项如下。

①电流。焊接人员一定要根据实际情况，调整焊接速度和焊接电流。

②咬边。焊接操作中经常出现咬边缺陷，咬边会造成焊缝的力学性能下降。焊接电流过大、焊接速度过慢都会造成咬边现象，需要焊接人员多加练习，予以控制。

③成形。焊缝的成形主要决定于盖面的成形，但是如果填充焊得到的焊缝不平或者凸起，那么盖面焊很难得到好的成形焊缝。所以焊缝成形要从基础练起，从多方控制。

④焊枪角度。CO_2 气体保护焊的焊缝冷却速度是很快的，主要原因在于 CO_2 气体温度较低，有较强的冷却作用，所以焊缝金属凝固得非常快，一般不会出现焊缝金属向下流动的情况。但是为了得到更好的焊缝成形，一般焊枪与焊缝成 75°~85°，利用电弧的推力，使焊缝成形更好。

5. 清理熔渣及飞溅物

焊接结束后，首先处理 CO_2 气瓶，关闭气瓶阀门；点动焊枪按钮或弧焊电源面板焊接检气开关，放掉减压器内的多余气体；最后关闭焊接电源，清扫焊接工位，规整焊接电缆和焊接工具，确认无安全隐患。

CO_2 气体保护焊的熔渣相比于焊条电弧焊的熔渣要少得多，表面只有少量物质待清除，所以焊后只需用敲渣锤清除熔渣，用钢丝刷进一步将熔渣、焊接飞溅物等清除干净即可。值得注意的是，CO_2 气体保护焊产生飞溅物的量较多，飞溅的距离也比较大，所以不仅要清理焊道上的飞溅物，而且要将试板其他位置的飞溅物用扁铲清理干净，同时要保证不伤到母材表面。

三、注意事项

（1）定位焊需采用与正式焊接相同的焊接方法，并且保证定位点焊透，所以定位焊的焊接电流需要比正式焊的焊接电流稍大。

（2）由于焊接是一个热循环过程，因此随着焊件的温度变化，焊缝会产生一定的变形。如果焊件是刚性固定在操作台上，则只需保证焊缝间隙一致即可；但如果焊接是自由放置在操作台上，无刚性约束，则需在装配焊件时，焊件末端焊缝间隙比焊件施焊端焊缝间隙稍微大 0.5~1.0 mm，给焊缝收缩留有空间。

（3）如果焊件的装配过程十分精细，焊缝间隙控制得当，则焊接人员操作过程中一定要保持焊接姿势一致、焊接角度不变，以此来保证焊缝成形良好、美观。但如果装配精度不够，则需焊接人员在焊接过程中仔细观察焊缝的熔孔变化，并根据熔孔的大小随时调整焊接速度、焊枪角度及焊枪摆动情况，从而得到想要的焊缝成形。

（4）CO_2 气体保护焊的焊接效果除了和焊接人员的操作水平有关外，还和焊接参数的选用有着十分重要的关系。如果焊接电流、电压匹配不好，则焊缝成形不好、焊接飞溅很大。所以焊接人员一定要根据焊接工艺卡调整好焊接参数。焊接参数不是一成不变的，焊接人员可以根据实际情况调整。由于每台焊机年限不同、生产工艺不同、型号不同，焊接电流准确度也不同；或者由于电缆长度不同，焊接电流大小也不尽相同，因此焊接人员的临场调整能力显得十分重要。

（5）仰焊如果操作不当，容易烫伤焊接人员，所以焊接人员在进行仰焊时，一定要穿戴好全套劳动保护用品。

四、评分标准

管对接垂直固定焊评分标准如表 2-5-4 所列。

表 2-5-4　管对接垂直固定焊评分标准

<table>
<tr><td colspan="2">试件编号</td><td></td><td>评分人</td><td colspan="2"></td><td>合计得分</td><td colspan="2"></td></tr>
<tr><td colspan="2" rowspan="2">检查项目</td><td rowspan="2">标准分数</td><td colspan="4">焊缝等级</td><td rowspan="2">测量数值</td><td rowspan="2">实际得分</td></tr>
<tr><td>Ⅰ</td><td>Ⅱ</td><td>Ⅲ</td><td>Ⅳ</td></tr>
<tr><td rowspan="12">正面</td><td rowspan="2">焊缝余高</td><td>标准/mm</td><td>>0，≤1</td><td>>1，≤2</td><td>>2，≤3</td><td>>3，<0</td><td rowspan="2"></td><td rowspan="2"></td></tr>
<tr><td>分数</td><td>10</td><td>4</td><td>4</td><td>0</td></tr>
<tr><td rowspan="2">焊缝高低差</td><td>标准/mm</td><td>≤1</td><td>>1，≤2</td><td>>2，≤3</td><td>>3</td><td rowspan="2"></td><td rowspan="2"></td></tr>
<tr><td>分数</td><td>5</td><td>3</td><td>2</td><td>0</td></tr>
<tr><td rowspan="2">焊缝宽度</td><td>标准/mm</td><td>>13，≤15</td><td>>15，≤16</td><td>>16，≤17</td><td>>17，<13</td><td rowspan="2"></td><td rowspan="2"></td></tr>
<tr><td>分数</td><td>10</td><td>6</td><td>4</td><td>0</td></tr>
<tr><td rowspan="2">焊缝宽窄差</td><td>标准/mm</td><td>≤1.5</td><td>>1.5，≤2</td><td>>2，≤3</td><td>>3</td><td rowspan="2"></td><td rowspan="2"></td></tr>
<tr><td>分数</td><td>5</td><td>3</td><td>2</td><td>0</td></tr>
<tr><td rowspan="2">咬边</td><td>标准</td><td>无咬边</td><td>深度小于0.5 mm，且长度不大于10 mm</td><td>深度小于0.5 mm，且长度不大于20 mm</td><td>深度大于0.5 mm，或长度大于20 mm</td><td rowspan="2"></td><td rowspan="2"></td></tr>
<tr><td>分数</td><td>5</td><td>3</td><td>2</td><td>0</td></tr>
<tr><td rowspan="2">表面成形</td><td>标准</td><td>优</td><td>良</td><td>一般</td><td>差</td><td rowspan="2"></td><td rowspan="2"></td></tr>
<tr><td>分数</td><td>10</td><td>6</td><td>4</td><td>0</td></tr>
<tr><td rowspan="3">反面</td><td>焊缝高度</td><td colspan="2">高度在0～3 mm，得2.5分</td><td colspan="3">高度大于3 mm或小于0 mm，得0分</td><td></td><td></td></tr>
<tr><td>咬边</td><td colspan="2">无咬边，得2.5分</td><td colspan="3">有咬边，得0分</td><td></td><td></td></tr>
<tr><td>凹陷</td><td colspan="2">无内凹，得10分</td><td colspan="3">深度不大于0.5 mm，每2 mm长扣0.5分（最多扣10分）；深度大于0.5 mm，得0分</td><td></td><td></td></tr>
</table>

表 2-5-4（续）

检查项目	标准分数	焊缝等级				测量数值	实际得分
		Ⅰ	Ⅱ	Ⅲ	Ⅳ		
焊缝内部质量检验	标准（依据 GB/T 3323.1—2019《焊缝无损检测　射线检测》）	Ⅰ级片无缺陷/有缺陷	Ⅱ级片	Ⅲ级片	Ⅳ级片		
	分数	40/35	30	20	0		

注：从开始引弧计时，该工件在 60 min 内完成；每超出 1 min，从总分中扣 2.5 分。试件焊接未完成，表面修补及焊缝正、反两面有裂纹、夹渣、气孔、未熔合、未焊透缺陷，该工件做 0 分处理。

参考文献

[1] 张文钺. 焊接冶金学：基本原理 [M]. 北京：机械工业出版社，1999.
[2] 吴志亚. 焊接实训 [M]. 3 版. 北京：机械工业出版社，2021.
[3] 赵枫，英若采，王英杰. 金属熔焊基础：焊接专业 [M]. 3 版. 北京：机械工业出版社，2018.
[4] 俞尚知. 焊接工艺人员手册 [M]. 上海：上海科学技术出版社，1991.
[5] 中国石油天然气集团公司职业技能鉴定指导中心. 石油石化职业技能鉴定试题集：气焊接人员 [M]. 青岛：中国石油大学出版社，2009.
[6] 陈云祥，叶蓓蕾. 焊接工艺：焊接专业 [M]. 3 版. 北京：机械工业出版社，2018.